安全工程科研导论

杨小彬　赵金龙　编著

应急管理出版社

·北　京·

内 容 提 要

　　本书以煤炭行业高等院校的本科生为教学对象，围绕安全工程专业大学生创新教学环节所需了解的科研基本知识和一般规律而编著。书中介绍了安全工程专业现状和煤矿类安全专业学科内涵、科学研究基本规律、煤矿类安全采用科研设备、科研文献查阅及管理、科研论文撰写、学术规范和学术道德，以及煤矿安全相关的新技术，让本科生了解煤矿类安全专业科研常规方法和知识，激发本科生创新性思维和科研兴趣。

　　本书主要用作以煤矿为背景的安全工程专业本科生科研导论课教材。

前　　言

安全工程专业研究各类事故致灾过程与致因理论、安全管理方法与体系、安全组织行为和个人行为、系统安全分析与安全评价；研究火灾、爆炸等事故的致灾、传播和破坏机理；研究矿山、消防、建筑与化工等行业事故形成机制，事故预防、控制技术和装备；解决安全技术开发、系统安全分析与评价、事故控制、系统安全方法优化的理论和方法等问题。本学科不仅是通用的工程学科，而且是高新科技和新兴产业的重要支撑学科。

《安全工程科研导论》是中国矿业大学（北京）安全工程专业本科生创新教学环节中的一门必修基础理论课程，课程的学习为进一步开展本科生创新训练项目、培养本科生创新精神和创新能力奠定基础。该课程针对煤炭行业高等院校本科生创新训练教学环节所需知识，结合煤矿生产安全现状，以安全工程专业学科方向、领域为背景，以科学研究基本规律为基础，围绕煤矿安全科研所需设备、常规科研文献资料查阅和文献管理、科研论文撰写、学术规范、学术道德及煤矿安全新技术等方面编著而成。

全书共7章。第1章介绍了"安全"的内涵与外延、安全工程专业研究方向及领域、煤矿安全研究现状；通过本章学习让学生了解安全工程专业现状、地位，了解中国矿业大学（北京）安全工程主要研究方向。第2章简要叙述了科学研究基本程序、科研选题、科研方法及科研设计等基本科学研究规律；通过本章的讲解，让本科生了解理工科院校科学研究的基本思路，科研题目的获取途径及常规科研方法。第3章针对煤矿安全现状介绍了煤矿瓦斯、火灾粉尘等煤矿安全工程专业需要了解的科研仪器设备；让学生了解中国矿业大学（北京）安全工程专业现有煤矿行业安全相关常规科研仪器设备，增加学生的感性认识。第4章介绍了科学研究文献检索方法、常用文献检索平台、科研文献管理及常用文件管理软件；通过课堂展示，让学生了解文献资料收集管理途径及作用，逐渐掌握科研相关有用工具。第5章介绍了科研论文撰写及投稿技巧；引导学生进行科研论文文献阅读，模仿进行科研论文写作，掌握科研论文构成，了解科研论文撰写及投稿技巧。第6章介绍了学术、学术规范、学术腐败和学术不端行为；让学生树立正确的科研价值观，了解科研的"真、善、美"。第7章介绍了近年来国内煤矿安全生产领域新技术；增加学生对煤矿安全现状的了解认识、增强对安全工程专业的认识和满意度。

本书在中国矿业大学（北京）教材建设项目资助下完成；在书的编写过程中，程虹铭同学、裴艳宇同学、刘隽嘉同学提供了部分素材和诸多帮助，并付出了辛勤劳动，在此一并表示感谢！

编著者

2020 年 3 月

目 录

1　绪　　论

1.1　"安全"概念的内涵与外延

　　安全泛指没有受到威胁，没有危险、危害、损失，不出事故的状态。《职业健康安全管理体系　规范》（GB/T 28001—2001）对"安全"（Safety）的定义，是免除了不可接受的损害风险的状态。安全是人类生产过程中，将系统的运行状态对人类的生命、财产、环境可能产生的损害控制在人类能接受水平以下的状态。在马斯洛需求层次理论[①]中，安全的需求是指避免对生命构成威胁的需要（图1-1）。

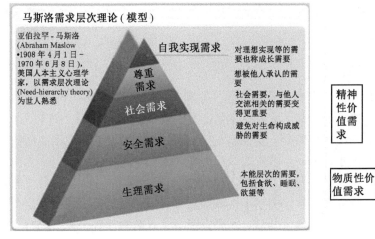
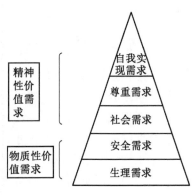

图1-1　马斯洛需求理论图

　　安全，自古以来就是人类追求的目标之一。
　　安全，是现代人类社会活动的前提和基础。
　　安全，是国家安全和社会稳定的基石。
　　安全，是经济和社会发展的重要条件。
　　安全，是人民安居乐业的基本保证。
　　安全，是建设"以人为本"和谐社会必须解决的重大战略问题。
　　从人类社会发展来看，对安全的认识可以分为以下几个阶段：

---

　　① 马斯洛需求层次理论（Maslow's Hierarchy of Needs. Edpsycinteractive）是人本主义科学的理论之一，由美国心理学家亚伯拉罕·马斯洛在1943年在《人类激励理论》论文中所提到。书中将人类需求像阶梯一样从低到高按层次分为5种：生理需求、安全需求、社会需求、尊重需求和自我实现需求。

（1）无知（不自觉）的安全认识阶段。该阶段是指工业革命以前，生产力和仅有的自然科学都处于自然和分散的状态。

（2）局部的安全认识阶段。该阶段是指工业革命以后，生产中已使用大型动力机械和能源，导致生产力与危害因素的同步增长，促使人们开始从局部认识安全并采取措施。

（3）系统的安全认识阶段。在该阶段，由于形成了军事工业、航天工业，特别是原子能和航天技术等复杂的大型生产系统和机器系统，局部安全认识已无法满足生产生活中对安全的需要，必须发展与生产力相适应的生产系统并采取安全措施。

（4）动态的安全认识阶段。在该阶段，随着生产和科学技术的发展，特别是高科技的发展，静态的安全系统、安全技术措施和系统的安全认识即系统安全工程理论已不能满足动态过程中发生的、具有随机性的安全问题，必须采用更加深刻的安全技术措施和安全系统认识。

中国当前的国家安全观包括政治安全、国土安全、军事安全、经济安全、文化安全、社会安全、科技安全、信息安全、生态安全、资源安全、核安全等 11 种安全观。

对于理工科高等院校的安全学科在校本科生而言，安全主要涉及科技安全和资源安全；对于传统行业特色和行业背景的理工院校的本科生而言，安全主要涉及资源安全及资源开采工程中的技术安全。

1.2　安全工程专业简介

安全工程是隶属于一级学科"安全科学与工程（学科代码 0837）"的一个二级学科，该专业注重培养能从事安全技术及工程、安全科学与研究、安全监察与管理、工作场所危险有害因素识别与检测、安全设计与生产、安全教育与培训、生产型企业职业卫生防护等方面复合型的高级工程技术人才，是一个涉及面极广的综合交叉学科。

安全工程专业培养复合型人才，能从事生产安全管理、安全防护工程、安全产品设计、事故防控规律研究、危险有害因素检测、工程风险评价、生产经营单位安全监察与管理、应急等，多渠道保障生产安全、社会和谐、家庭幸福、个人健康。各类生产经营单位都离不开安全工程。

根据高考志愿填报 – 中国教育在线①和中国研究生招生信息网②的统计资料显示，截至 2019 年 5 月，全国共有 150 多所高校开设该本科专业，其中普通本科院校及附属学院有 138 所；全国共有 64 所高校设有硕士学位授权点，有 58 所高校设有该学科博士学位授权点。

本学科范围重点针对生产安全和公共安全领域，主要交叉领域为：行业安全技术及工程、社会安全、食品安全、防灾减灾、核安全、检验检疫、环境与健康卫生等。与本专业相近的专业有：环境工程、安全技术及工程、灾害防治工程、安全管理工程、环境科学与工程、辐射防护、职业卫生防护等。

开办安全工程专业的高等院校的类型很多，主要分布在理工类院校，行业包括军工、

---

① 高考志愿填报 – 中国教育在线 . 2019 – 05。
② 硕士专业目录，中国研究生招生信息网。

化工、石油、矿业、土木、交通、能源、环境、咨询、医疗卫生等。这说明安全学科是一个涉及面极广的综合交叉科学。每年安全工程专业招生 1 万名左右，就业率达 93% ~ 98%，国内排名前几十位。

1.2.1 我国开设安全专业的高校

1.2.1.1 我国开设安全工程专业的高校名单

我国开设安全工程专业的高校名单见表 1-1。

表 1-1 全国开设安全工程专业的高校名单

北京			
首都经济贸易大学	北京石油化工学院	中国矿业大学（北京）	中国地质大学（北京）
中国石油大学（北京）	北京化工大学	北京科技大学	北京理工大学
中国劳动关系学院			

天津		
天津理工大学	中国民航大学	天津城建大学

上海		
上海海事大学	华东理工大学	上海应用技术大学

重庆			
重庆三峡学院	重庆科技学院	重庆交通大学	重庆大学
西南大学			

河北			
石家庄铁道大学	华北科技学院	河北工程大学	河北工业大学
河北大学	河北科技大学	华北理工大学	河北建筑工程学院
唐山学院			

河南			
郑州大学	河南工程学院	河南理工大学	河南城建学院
中原工学院	郑州轻工业大学	郑州航空管理学院	安阳工学院
郑州工商学院			

山东			
滨州学院	山东工商学院	山东交通学院	齐鲁工业大学（山东省科学院）
中国石油大学（华东）	青岛理工大学	青岛科技大学	聊城大学
山东科技大学	山东管理学院	山东理工大学	济宁学院

山西			
太原工业学院	山西大同大学	太原科技大学	中北大学
太原理工大学	吕梁学院	山西工程技术学院	山西能源学院

安徽			
安徽建筑大学	安徽工业大学	安徽理工大学	中国科学技术大学
安徽新华学院	安徽三联学院	蚌埠学院	

表 1-1（续）

江西			
江西理工大学	南昌大学		
江苏			
中国矿业大学	徐州工程学院	常州大学	南京工业大学
江苏大学	南京理工大学	常熟理工学院	淮海工学院
中国矿业大学徐海学院			
浙江			
浙江海洋大学	中国计量学院	浙江工业大学	宁波工程学院
温州大学瓯江学院			
湖北			
湖北理工学院	武汉工程大学	武汉科技大学	中南财经政法大学
中国地质大学（武汉）	武汉理工大学		
湖南			
中南大学	湖南工学院	湖南农业大学	南华大学
湘潭大学	湖南科技大学	湖南城市学院	
福建			
福州大学	福州大学至诚学院		
广东			
广东工业大学	华南理工大学	东莞理工学院城市学院	北京理工大学珠海学院
广东石油化工学院			
广西			
广西大学	广西民族大学相思湖学院		
云南			
昆明理工大学	昆明学院	文山学院	
贵州			
六盘水师范学院	贵州工程应用技术学院	贵州大学	贵州理工学院
兴义民族师范学院			
四川			
西南交通大学	四川大学	四川理工学院	西南石油大学
中国民用航空飞行学院	四川师范大学	西南科技大学	成都理工大学
四川轻化工大学	宜宾学院		
陕西			
西北工业大学	西安石油大学	西安科技大学	西安建筑科技大学
长安大学	榆林学院	空军工程大学	
宁夏			
宁夏理工学院			

表 1-1（续）

黑龙江			
黑龙江科技大学	哈尔滨理工大学	东北石油大学	
吉林			
吉林化工学院	吉林建筑大学	长春工程学院	长春建筑学院
吉林建筑科技学院			
辽宁			
沈阳航空航天大学	沈阳化工大学	大连交通大学	辽宁石油化工大学
沈阳建筑大学	辽宁工程技术大学	沈阳理工大学	东北大学
大连理工大学	沈阳城市建设学院	沈阳工学院	沈阳科技学院
新疆			
新疆工程学院			
内蒙古			
内蒙古工业大学	内蒙古科技大学		
甘肃			
陇东学院	兰州理工大学		

1.2.1.2 安全工程专业开设的主干课程

1. 学科教育类课程

学科教育类课程包括高等数学、概率论与数理统计、大学物理、工科大学化学、电工学、工程制图、工程 CAD 等。

2. 专业基础课程

专业基础课程包括流体力学、工程力学、工程热力学与传热学基础、燃烧与爆炸理论等。

3. 专业特色课程

专业特色课程包括安全学原理、安全系统工程、安全人机工程、安全检测技术、职业卫生及工程、安全法学、安全管理工程、风险分析与安全评价、消防工程、安全经济学、安全信息技术、公共安全与应急管理、环境工程、压力容器安全技术、爆破工程、机械与电气安全、道路交通安全、建筑施工安全、矿山安全技术、化工安全技术、安全学科发展动态等。

4. 实践性课程

实践性课程包括制造工程训练、专业认识实习、事故调查与安全管理实习、毕业实习、主干专业课程的课程设计和毕业论文（毕业设计）等。

安全工程专业开设的主干课程表见表 1-2。

表 1-2 安全工程专业开设的主干课程表

课程类别		课程名称
学科教育课程	学科基础课	工程热力学与传热学基础
		工业生产过程与管理

表 1-2（续）

课程类别		课程名称
学科教育课程	学科基础课	工程 CAD
		机械设计基础 B
		电工学 A
		新生课
		工程制图（一）
		工程制图（二）
		工程力学 B
		流体力学 C
	公共基础课	高等数学 A2（一）
		高等数学 A2（二）
		线性代数
		概率论与数理统计
		大学物理 C（一）
		大学物理 C（二）
		普通化学 B
专业教育课程	专业核心课	安全学原理
		安全系统工程
		安全人机工程
		职业卫生及工程
		安全管理工程
	专业课	安全法学
		环境工程
		安全检测技术
		可靠性分析
	专业选修课	安全心理学
		组织行为学
		安全经济学
		机械与电气安全
		特种设备安全技术
		安全信息技术
		安全教育学
		工业通风与空调
		消防工程
		保险学概论
		燃烧与爆炸理论

表 1-2（续）

课程类别		课程名称
专业教育课程	专业选修课	公共安全与应急管理
		道路交通安全
		建筑施工安全
		化工安全技术
		矿山安全技术
		安全评价
		安全科技发展动态
		安全投入与工程概算
		地下结构与防护
		爆破材料与起爆技术
		军事爆破工程
学科实践课程	集中实践环节	安全人机工程课程设计
		专业认识实习
		安全管理与系统分析实习
		安全评价课程设计
		毕业实习与毕业论文
		制造工程训练 C
		电工电子实验 C
		电工电子实践 B
		大学物理实验 B

1.2.1.3 培养及就业要求

1. 安全专业培养目标

本专业培养能适应社会主义建设重大需求和国家稳定发展需要的人才，扎实掌握自然科学、工程技术基础知识，有一定的人文科学和管理学知识，养成尊重生命和持续学习的态度，并自觉践行社会主义核心价值观，德、智、体全面发展，掌握安全科学、安全技术、安全管理和职业卫生的基础理论、专业知识、基本技能及学科发展动态，具备从事安全工程方面的设计、研究、检测、评价、监察与管理等工作能力和素质，成为具备创新性思维和紧跟国际前沿的高级专业人才。

2. 就业领域

毕业生能够从事安全工程方面工作，可服务于涉及风险防控和事故应急等事务的相关行业，包括安全战略、安全管理、系统分析评估和安全产品检测及研发等，也适合从事国际通行的 SHE（安全健康环境）管理职业。毕业生能在工作五年内考取国家注册安全工程师执业资格，本专业定期回访以便与社会需求保持衔接。专业培养特色主要基于大安全学科，使学生掌握工贸各行业通用安全技术，如机电安全、消防、职业卫生、特种设备安全等，能构建或运行安全管理体系，具有典型事故防控及应急处置能力。在此基础上，通过部分行业安全技术课程关联生产实际，使学生在就业中有更宽泛的行业适应范围和工程经验累积。

安全工程专业毕业生可进入政府、事业单位，从事安全监察、管理工作；可进入高校、科研院所，从事相关教学、科研工作；可到大型施工企业、大型厂矿、生产型企业，从事施工现场安全管理、现场安全教育、企业安全管理、工伤事故处理及职业病防治等工作。

3. 培养要求

安全工程专业面向新时期国家发展与物质能量密集化带来的风险增长，要求学生熟悉事故发生机制，科学运用已有资源最大限度降低风险，在实践方面应具备辨识风险、组织方案、沟通培训、应急处置等专业能力。

1）知识要求

工程知识方面能够将数学、自然科学、工程基础和专业知识用于解决复杂工程风险防控问题。能够基于工程相关背景知识进行合理分析，评价安全工程实践和复杂工程风险问题解决方案对社会、健康、安全、法律以及文化的影响；熟悉安全法规及通用标准体系，掌握事故的统计规律、事故预防和应急管控的基本工程技术措施和管理方法。

2）能力要求

（1）具备能够应用数学、自然科学和工程科学的基本原理，识别、分析复杂工程安全问题，以获得风险防控有效结论的问题分析能力。

（2）能够设计针对复杂工程问题的安全保障方案，设计满足安全需求的系统、单元（部件）或工艺流程的设计/开发风险管控方案。

（3）能够基于安全学原理并采用科学方法对复杂工程的风险管控问题进行研究，并通过综合风险关联信息得到合理有效的结论。

（4）能够针对工程事故复杂影响因素问题，开发、选择与使用恰当的安全技术、资源、现代工程工具和信息技术工具。

（5）能够就复杂工程问题与业界同行及社会公众进行有效沟通和交流，包括撰写报告和设计文稿、陈述发言、清晰表达或回应指令。

（6）具备理解并掌握工程管理原理与经济决策方法，有风险辨识力和应急专注力，并能在多学科环境中维持典型工程项目较高安全水平的项目管理能力。

3）素质要求

（1）职业规范。尊重生命，具有人文社会科学素养、社会责任感，能够在工程实践中履行责任。

（2）个人和团队。能够在多学科背景下的团队中承担个体、团队成员以及负责人的角色，善于平衡集体和个人发展目标。

（3）终身学习。能够适应工程项目工作环境，具有自主学习和终身学习的意识，持续更新知识与经验，始终保持不断学习和适应发展的能力。

1.2.1.4 安全工程专业发展前景

1. 就业分析

安全工程专业的毕业生可直接为科研院所、高等院校、政府部门、工矿企业、安全中介机构等培养高层次科学与工程技术及管理人才。毕业生就业领域涉及公共安全、机械工程、动力工程、工程热物理、土木工程、矿业工程、石油化工、交通运输工程、航空宇航科学与技术、兵器科学与技术、核科学与技术、林业工程、火灾与消防工程等学科领域。

《安全生产法》第二十一条规定：矿山、金属冶炼、建筑施工、道路运输单位和危险物品的生产、经营、储存单位，应当设置安全生产管理机构或者配备专职安全生产管理人员。前款规定以外的其他生产经营单位，从业人员超过一百人的，应当设置安全生产管理机构或者配备专职安全生产管理人员；从业人员在一百人以下的，应当配备专职或者兼职的安全生产管理人员。另外，每一个现代企业、公司或组织在考虑自身的可持续发展战略时，除了需要通过 ISO 9000、ISO 14000 外，还必须建立符合国际标准一体化所要求的职业安全卫生管理体系 ISO 18000（OHSMS）。无论是在国内求生存的企业还是寻求到国外发展的公司，已表现出一种趋势和潮流，必须建立符合国际标准一体化所要求的 ISO 18000。而能够胜任完成这些重大使命的人才是高级安全工程人才。

2. 我国安全工程专业人才的发展现状

人才总量初具规模。全国各类安全生产人才总量为 419 万人。其中，安全生产监管监察人才有 7.2 万人，企业安全生产管理人才有 286.2 万人，安全生产高技能人才有 117.4 万人，安全生产专业服务人才有 23.2 万人。

文化素质较高。安全生产监管监察人才中有 86% 受过高等教育，高层次安全生产科技人才有 100%、企业安全生产管理人才有 32%、安全生产高技能人才有 19%、安全生产专业服务人才有 95% 受过高等教育。全国具有注册安全工程师（含安全评价师）执业资格者达 26.2 万人。

建立了一批安全生产人才培养培训基地。全国共有 150 多所高校开设该本科专业，其中普通本科院校及附属学院有 138 所；全国共有 64 所高校设有硕士学位授权点，有 58 所高校设有该学科博士学位授权点，在校生 3 万余人。建立了安全培训机构 3661 家，拥有专职教师 2 万多人，近三年平均每年培训企业主要负责人、安全生产管理人员和特种作业人员 360 万人次。

安全工程专业人才有巨大的需求市场，即使安全工程专业的毕业生有大幅度增加，也应该是处于供不应求的状况，因为全国 300 人以上的高危企业数量巨大。但实际上，我国企业或组织对安全工程专业人才的需求途径却有多条。我国各行业中从事安全工作的人员大多数来自其他专业，这种趋势还要持续相当长的时间。其原因主要是：

第一，许多企业或组织的领导还不知道《安全生产法》的许多规定，一些知道有关规定的企业或组织也没有切实落实《安全生产法》，特别是边远地区的中小型企业。

第二，由于我国经济、技术总体水平还比较低，人口众多，人们的安全文化素质不高，职业安全卫生法制建设比较薄弱，管理监察体制不够健全，安全死角很多。大多数应该设置安全工程师岗位的企业或组织还没有设置该岗位，甚至许多企业或组织还不知道有安全工程专业，不懂得设置安全工程岗位的必要性。

第三，安全工程学科自身的属性和发展过程所存在的局限性使其面临诸多挑战。主要反映在以下方面：

（1）现代安全科学的快速发展期在我国还不到 20 年，大多数人往往认为各种经济活动中的安全问题只是管理和技术中存在的问题。

（2）由于安全自身的属性，如偶然性、隐蔽性、模糊性、交叉性、多因素性、软效益性等，使许多人对安全科学的作用认识不足，对安全科学的作用抱怀疑态度。

（3）目前我国的物质财富还不是十分丰富，而且人口众多，人们的自护意识和安全文化还不高，许多安全问题及其防患的意义在许多人的心目中仍是可有可无的事。

（4）安全管理科学在许多方面都被人们视为"软"科学，事故不可知论在许多人的思想中还根深蒂固，安全工作的经济效益得不到真正体现。因此，也导致安技人员的地位和作用提不到相应的高度，许多单位将老弱病残人员放到安全工作岗位上，许多企业的安全部门仍是最薄弱的部门。

（5）由于安全科学与工程领域的成果"软"的多，"硬"的少，定性的多，定量的少；而许多"硬"的成果又结合于设备中，人们很自然地将其认为是设备制造的成果；尽管人们都口头认为应做到安全第一，预防为主，但对其防患的可能性的信心仍不足，对安全投入仍有白投入的想法，对事故仍抱有很大的侥幸心理。

（6）由于目前我国的安全法制法规及监察体系还不很完善，安全法制法规和监察制度的实施仍有很大的困难和差距。

（7）国家、社会、个人对安全投入的资金相对较少。

由于历史、经济发展、社会观念、学科建设等方面的限制，我国安全生产人才现存的问题有以下几方面：

（1）安全生产人才总量不足，仅占全国人才资源总量的3.6%。

（2）高层次科技人才匮乏，基层安全监管监察人员、高危行业企业安全生产人才紧缺矛盾突出。

（3）安全生产人才在布局、学历、专业、职称和技能等级等结构方面不尽合理。

（4）专业化、职业化程度不高，监管队伍中具有安全生产相关专业的人才仅占14.2%。

（5）高危行业企业中注册安全工程师仅占专职安全生产管理人员总数的2.5%。

（6）人才培养、使用和成长机制不健全，供需矛盾突出，人才培养与安全生产实际需求脱节现象较为普遍。

（7）安全生产工作岗位吸引力不强，人才流失比较严重，安全工程专业本科毕业生从事安全生产工作的比例不足20%。

（8）安全生产人才方面的法律法规有待进一步完善，安全生产人才培养开发、评价发现、选拔任用、流动配置、激励保障等制度和政策急需健全。

3. 我国安全工程专业人才规模发展目标

我国安全工程专业人才规模发展目标见表1-3。

1.2.1.5 安全工程专业学科排名

2017年教育部学位与研究生教育发展中心第四次学科评估公布的一级学科"安全科学与工程学科"评估结果见表1-4①。

---

① 第四轮学科评估高校评估结果，中国学位与研究生教育信息网。

表1-3　我国安全工程专业人才规模发展目标

序号	指　标		单位	2015 年	2020 年
1	安全生产人才总量		万人	670	860
	其中	安全生产监管监察人才	万人	8.0	8.7
		高层次安全生产科技人才	人	440	470
		企业安全生产管理人才	万人	380	430
		安全生产高技能人才	万人	270	405
		安全生产专业服务人才	万人	12	16
2	获得执业资格人数	注册安全工程师（含安全评价师）	万人	25	35
		注册助理安全工程师（含安全主任）	万人	50	70
3	受过高等教育安全生产人才所占比例		%	40	50
4	中、高级职称安全生产人才所占比例		%	30	50
5	技师、高级技师安全生产人才所占比例		%	4.3	7

表1-4　安全与工程学科评估结果

评估结果	学校代码及名称
A +	10290 中国矿业大学 10358 中国科学技术大学
A -	10460 河南理工大学 10533 中南大学 10704 西安科技大学
B +	10003 清华大学 10007 北京理工大学 10008 北京科技大学 10291 南京工业大学 11414 中国石油大学
B	10147 辽宁工程技术大学 10361 安徽理工大学 10424 山东科技大学 10491 中国地质大学 10611 重庆大学
B -	10004 北京交通大学 10112 太原理工大学 10145 东北大学 10488 武汉科技大学 10497 武汉理工大学
C +	10010 北京化工大学 10059 中国民航大学 10288 南京理工大学 10534 湖南科技大学 10555 南华大学 10561 华南理工大学
C	10110 中北大学 10141 大连理工大学 10143 沈阳航空航天大学 10219 黑龙江科技大学 10251 华东理工大学
C -	10148 辽宁石油化工大学 10292 常州大学 10426 青岛科技大学 10459 郑州大学 10674 昆明理工大学

　　本一级学科中，全国具有"博士授权"的高校共 20 所，本次参评 20 所；部分具有"硕士授权"的高校也参加了评估；参评高校共计 52 所（注：评估结果相同的高校排序不分先后，按学校代码排列）。

　　校友会 2019 年中国安全科学与工程类一流专业排名（5★以上）[①] 见表1-5。

　　① 中国大学排行榜，校友会网，2019。

表1-5 校友会2019年中国安全科学与工程类一流专业排名

全国排名	学校名称	星级排名	专业层次
1	中国矿业大学	7星级	世界知名高水平专业
2	中国科学技术大学	7星级	世界知名高水平专业
3	中南大学	6星级	世界高水平专业
4	西安科技大学	6星级	世界高水平专业
5	中国矿业大学（北京）	6星级	世界高水平专业
5	北京科技大学	6星级	世界高水平专业
7	昆明理工大学	5星级	中国一流专业
8	中国地质大学（武汉）	5星级	中国一流专业
8	东北大学	5星级	中国一流专业
8	安徽理工大学	5星级	中国一流专业
8	北京化工大学	5星级	中国一流专业
8	北京理工大学	5星级	中国一流专业
8	长安大学	5星级	中国一流专业
8	河南理工大学	5星级	中国一流专业
8	四川大学	5星级	中国一流专业
8	山东科技大学	5星级	中国一流专业
8	南京理工大学	5星级	中国一流专业
8	辽宁工程技术大学	5星级	中国一流专业
1	中国地质大学长城学院	6星级	中国顶尖独立学院专业
2	成都理工大学工程技术学院	5星级	中国一流独立学院专业

在艾瑞深中国校友会网2019中国大学一流专业排名中，中国十星级专业（10★）代表世界顶尖专业；中国九星级专业（9★）代表世界知名高水平专业；中国八星级专业（8★）代表世界一流专业；中国七星级专业（7★）代表世界知名高水平、中国顶尖专业；中国六星级专业（6★）为世界高水平、中国顶尖专业；中国五星级专业（5★）为世界知名、中国一流专业；中国四星级专业（4★）为中国高水平专业；中国三星级专业（3★）为中国知名、区域一流专业；中国二星级专业（2★）代表中国区域高水平专业；中国一星级专业（1★）代表中国区域知名专业。

1.2.2 公共安全研究方向简介

公共安全是社会和公民个人从事和进行正常的生活、工作、学习、娱乐和交往所需要的稳定的外部环境和秩序。公共安全事件主要分为自然灾害、事故灾难、公共卫生事件、社会安全事件（图1-2）。它的范围很广，涉及社会生活的各个方面，如信息安全、食品安全、公共卫生安全、公众出行规律安全、避难者行为安全、人员疏散的场地安全、建筑安全、城市生命线安全、恶意和非恶意的人身安全和人员疏散等①。

---

① 市民公共安全应急指南，人民政府网，2019-02-16.

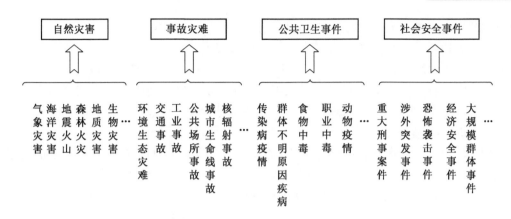

图 1-2　公共安全事件包含的内容

一场大雪，曾使北京交通几乎陷入瘫痪；矿难频发，食品安全事故时有发生……我国每年因公共安全问题损失 6500 亿元人民币。

2006 年 2 月 9 日国务院发布的《国家中长期科学和技术发展规划纲要（2006—2020年）》指出，我国公共安全面临严峻挑战，我国目前正处于经济和社会的转型期，公共安全保障基础相对薄弱。公共安全形势严峻，每年由于公共安全问题造成的损失计 6500 亿元人民币，约占 GDP 总量的 6%。

未来 15 年内，我国将"公共安全"作为 11 个"亟待科技提供支撑"的国民经济和社会发展重点领域之一，积极构筑公共安全科技体系。警惕和防范公共安全危险刻不容缓！

1.2.3　自然灾害事例

1. 日本阪神大地震

阪神大地震，又称神户大地震、阪神大震灾，是指 1995 年 1 月 17 日上午 5 时 46 分52 秒（日本标准时间）发生在日本关西地方规模为里氏 7.3 级的地震灾害（图 1 - 3）。因受灾范围以兵库县的神户市、淡路岛以及神户至大阪间的都市为主而得名。

地震对身为日本第二大的京阪神都会区影响甚大，震中在距离神户市西南方 23 千米的淡路岛，属日本关西地区的兵库县。该地震由神户到淡路岛的六甲断层地区的活动引起，属于上下震动型的强烈地震。

阪神大地震在日本地震史上具有重要的意义，它直接引起日本对于地震科学，都市建筑，交通防范的重视。另外，此次地震也

图 1 - 3　日本阪神大地震

对日本政坛造成了一定的冲击，日本自民党再度回归政坛核心。

阪神大地震是日本自1923年关东大地震以来规模最大的都市直下型地震。由于神户是日本关西重要城市，人口密集（当时人口约105万人），地震又在清晨发生，因此造成相当多伤亡。官方统计有6434人死亡，43792人受伤，房屋受创而必须住到组合屋的有32万人。造成的经济损失约1000亿美元。总损失达国民生产总值的1%～1.5%。

2. 印度洋地震海啸

印度洋海啸，也称为南亚海啸，发生在2004年12月26日，这次地震发生的范围主要位于印度洋板块与亚欧板块的交界处，消亡边界，地处安达曼海，震中位于印尼苏门答腊以北的海底。当地地震局测量为里氏地震规模6.8，香港、中国大陆及美国量度到的强度则为里氏规模8.5～8.7。其后香港天文台和美国全国地震情报中心分别修正强度为8.9和9.0，矩震级为9.0。最后确定为矩震级达到9.3。

图1-4 印度洋地震海啸

这是自1960年智利大地震以及1964年阿拉斯加耶稣受难日地震以来最强的地震，也是1900年以来规模第二大的地震，引发海啸高达10余米，波及范围远至波斯湾的阿曼、非洲东岸索马里及毛里求斯、留尼汪等国，造成巨大的人员伤亡和财产损失（图1-4）。

截至2005年1月20日的统计数据显示，印度洋大地震和海啸已经造成22.6万人死亡，这可能是世界近200多年来死伤最惨重的海啸灾难，并且死亡人数仍旧不断攀升。超过50万人流离失所，涉及12个国家。印尼亚齐省的损失达45亿美元；斯里兰卡的直接损失约为10亿美元。

3. 卡特里娜飓风

飓风卡特里娜于2005年8月中旬在巴哈马群岛附近生成，在8月24日增强为飓风后，于佛罗里达州以小型飓风强度登陆。随后数小时，该风暴进入了墨西哥湾，在8月28日横过该区套流时迅速增强为5级飓风。卡特里娜于8月29日在密西西比河口登陆时为极大的3级飓风。风暴潮对路易斯安那州、密西西比州及亚拉巴马州造成灾难性的破坏。用来分隔庞恰特雷恩湖（Lake Pontchartrain）和路易斯安那州新奥尔良市的防洪堤因风暴潮而决堤，该市八成地方遭洪水淹没。强风吹及内陆地区，阻碍了救援工作。卡特里娜飓风整体造成的经济损失可能高达2000亿美元，成为美国史上破坏力最大的飓风。这也是自1928年奥奇丘比（Okeechobee）飓风以来，死亡人数最多的美国飓风，至少有1833人丧生。2005年8月的"卡特里娜"飓风是百年以来美国经济损失最严重的自然灾害，导致50万人无家可归，受灾人口达500万，经济损失2000亿美元。

4. 2008中国低温雨雪冰冻灾害

2008年1月10日—2月2日，中国南方地区先后出现四次大范围低温雨雪冰冻过程；持续低温雨雪冰冻天气造成多种灾害并发，造成交通运输严重受阻，电煤供应告急，农业林业遭受重创，工业企业大面积停产；专家估计造成直接经济损失达千亿元。

另外还有 2008 年"5·12"汶川地震、2009 年 11 月山西暴雪、2010 年甘肃特大泥石流洪涝灾害等。

1.2.4 全球人为公共灾难事件

1. 切尔诺贝利核事故

切尔诺贝利核事故，或简称"切尔诺贝利事件"（图 1-5），是一件发生在苏联时期乌克兰境内切尔诺贝利核电站的核子反应堆事故。该事故被认为是历史上最严重的核电事故，也是首例被国际核事件分级表评为第七级事件的特大事故（目前为止第二例为 2011 年 3 月 11 日发生于日本福岛县的福岛第一核电站事故）。

1986 年 4 月 26 日凌晨 1 点 23 分（UTC +3），乌克兰普里皮亚季邻近的切尔诺贝利核电厂的第四号反应堆发生了爆炸。连续的爆炸引发了大火并散发出大量高能辐射物质到大气层中，这些辐射尘涵盖了大面积区域。真正的灾难在后头。辐射物质污染空气、食物来源和地下水，事故发生数年后，当地上万人死于癌症，而这种影响将持续数十年之久。这次灾难所释放出的辐射线剂量是二战时期爆炸于广岛的原子弹的 400 倍以上。

经济上，这场灾难总共损失大概 2000 亿美元（已计算通货膨胀），是近代历史中代价最"昂贵"的灾难事件。

切尔诺贝利核事故被称为历史上最严重的核电事故。切尔诺贝利城因此被废弃。

合众国际社报道，英国电视制作人丹尼·库克（Danny Cooke）用无人机航拍了乌克兰切尔诺贝利核事故遗址，镜头中荒废的切尔诺贝利静谧如鬼城。

2. 金斯敦发电站倒塌事故

美国的煤炭发电厂多达 600 家，很多发电站都是随便将厚厚的煤灰堆放在煤灰池里。2008 年 12 月，美国田纳西州的金斯敦发电站倒塌，煤灰弥漫到空气里，摧毁数间民居，土地和河流受污染，积累了大量水银，造成野生动物死亡（图 1-6）。

图 1-5 切尔诺贝利核事故 　　　　图 1-6 金斯敦发电站倒塌事故

3. 波斯湾原油泄漏

世界最大的原油泄漏发生在 1991 年的海湾战争。当时萨达姆故意向波斯湾倾倒多达 100 万加仑（约合 3785.4 立方米）的石油，造成当地鸟类和鱼类的大量死亡（图 1-7）。

4. 美国拉夫运河事件

拉夫运河位于美国加州，是 19 世纪为修建水电站挖成的一条运河，20 世纪 40 年代干涸被废弃。1942 年，美国一家电化学公司购买了这条大约 1000 米长的废弃运河，当作垃圾仓库来倾倒大量工业废弃物，这种状况持续了 11 年。1953 年，这条充满各种有毒废弃物的运河被公司填埋覆盖好后转赠给当地的教育机构。此后，纽约市政府在这片土地上陆续开发了房地产，盖起了大量的住宅和一所学校。

从 1977 年开始，这里的居民不断发生各种怪病：孕妇流产、儿童夭折、婴儿畸形，癫痫、直肠出血等病症也频频发生。1987 年，这里的地面开始渗出含有多种有毒物质的黑色液体。这件事激起当地居民的愤慨，当时的美国总统卡特宣布封闭当地住宅、关闭学校，并将居民撤离。事出之后，当地居民纷纷起诉，但因当时尚无相应的法律规定，该公司又在多年前就已将运河转让，诉讼失败。直到 20 世纪 80 年代，环境对策补偿责任法在美国议院通过后，这一事件才被盖棺定论，以前的电化学公司和纽约政府被认定为加害方，共赔偿受害居民经济损失和健康损失费达 30 亿美元（图 1-8）。

图 1-7　波斯湾原油泄漏

图 1-8　美国拉夫运河事件

5. 印度博帕尔毒气事故

1984 年 12 月 3 日，印度中央邦首府博帕尔联合碳化学公司农药厂异氰酸甲酯（MIC）发生泄漏事故，致使 2800 多人死亡，10 万人终生致残，是世界工业史上绝无仅有的大惨案（图 1-9）。

6. "得克萨斯垃圾带"

"得克萨斯垃圾带"是最大的海洋"垃圾旋涡"之一，位于北太平洋亚热带海域。之所以得名，是因为这个"海洋垃圾带"的面积和得克萨斯州面积相当。得州是美国内陆面积最大的一个州，约 70 万平方千米。由于垃圾带仍在不断扩大，面积很可能已经超过了得州。这里的漂浮垃圾估计达上亿吨，以塑料为主，还包括玻璃、金属、纸等（图 1-10）。

7. 雨林滥伐

图1-9 印度博帕尔毒气事故

图1-10 "得克萨斯垃圾带"

在过去10年里，牧场主、农民和伐木工对巴西亚马孙雨林滥砍滥伐，每年破坏10088平方英里（约合2.6万平方千米）的雨林（图1-11）。

8. 过度捕捞

在过去20年里，金枪鱼、北大西洋鳕鱼等鱼类数量急剧减少。这些鱼都跑哪儿去了？都跑到我们的肚子里了。但在北大西洋和地中海等地，人们对鱼的需求仍在不断增加，供不应求。鱼类是海洋生态系统中的重要一环，失去它们，人类的生存将面临威胁。而且，海洋健康对气候变化影响至关重要（图1-12）。

图1-11 雨林滥伐

图1-12 过度捕捞

9. 工业采矿

对发达国家和发展中国家而言，发掘稀有金属都意味着可观的经济利益，但是要为此付出的环境代价也很大。过度开采会腐蚀土壤，导致泥石流灾害，还会破坏生态平衡。而且，开采造成的破坏几乎不可修复（图1-13）。

图1-13 工业采矿

10. 美国"9·11"恐怖袭击事件

2001年9月11日，恐怖分子劫持客机撞击世界贸易中心大楼，造成建筑群倒塌。"9·11"

图 1-14 美国"9·11"恐怖袭击事件

事件共造成 2752 人死亡或失踪，经济损失达数千亿美元（图 1-14）。

1.2.5 公共安全体系

1. 公共安全体系的"三角形"模型

三角形模型是由我国清华大学公共安全中心的研究团队最先提出的。范维澄先生在英国主攻"燃烧过程的理论模型与数值模型"，1981 年归国后，限于国内研究条件的欠缺，不具备模拟燃烧过程的条件，他开始工程热物理与安全工程的交叉学科的研究工作。2004 年，清华大学成立公共安全研究中心，由他担任主任，他的研究领域从火灾安全扩展到公共安全领域。公共安全研究团队最初把重点放在了突发事件上，随着研究的不断深入，他们逐渐认识到突发事件的致灾程度与承灾载体、应急管理是分不开的，从而提出了三角形模型，并提出在把握三边关系，把握突出事情关键环节的基础上，建立完整的应急平台体系。突发事件、承灾载体以及应急管理这种三维体系构成公共安全科技的整体，通过对突发事件和承灾载体的研究，确定应急管理的关键目标，加强防护，从而实现有效的预防和科技减灾。公共安全体系"三角形"模型如图 1-15 所示。

2. 公共安全的"三角形"模型——灾害要素

无论突发事件的强度、类型、时空特点如何，归根到底，还是物质、能量、信息在起作用。如：

危化品泄漏——物质；

地震、火灾——能量、物质；

大规模谣言和社会恐慌——信息。

灾害要素示意图如图 1-16 所示。

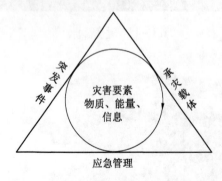

图 1-15 公共安全体系"三角形"模型图

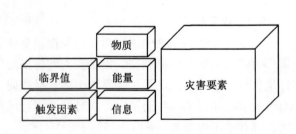

图 1-16 灾害要素示意图

3. 公共安全的"三角形"模型——突发事件

《中华人民共和国突发事件应对法》规定，突发事件是指突然发生，造成或者可能造成严重社会危害，需要采取应急处置措施予以应对的自然灾害、事故灾难、公共卫生事件和社会安全事件。

突发事件是三角形的一个边，研究突发事件从孕育、发生、发展到突变成灾的演化规律及其产生的风险作用，即突发事件携带或产生哪些作用，而这些作用又如何随着时间或地域的空间发生变化。突发事件包括自然灾害、事故灾难、公共卫生事件和社会安全事件。

突发事件产生的作用有 3 种类型，包括能量、物质与信息。能量的作用例如火灾，火灾通过燃烧释放热能，原则上是热能的作用，因此可能发生各种各样的破坏。物质作用例如病毒、细菌，这些都属于物质，可能造成伤害。另外就是信息，有时人群中出现一些传言、谣传，由此可能引发一部分社会人员的恐慌与群体事件的产生，造成伤害（图 1 – 17）。

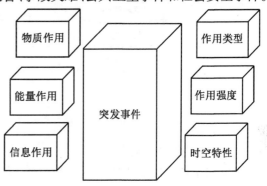

图 1 – 17　突发事件示意图

4. 公共安全的"三角形"模型——承灾载体（图 1 – 18）

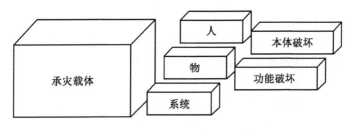

图 1 – 18　承灾载体示意图

承灾载体的破坏导致其蕴含的灾害要素被意外释放，是造成次生事件和事件链的必要条件。

5. 公共安全的"三角形"模型——应急管理（图 1 – 19）

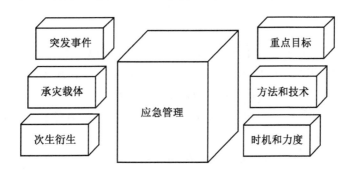

图 1 – 19　应急管理示意图

6. 公共安全"三角形"模型的立体化（图 1 – 20）

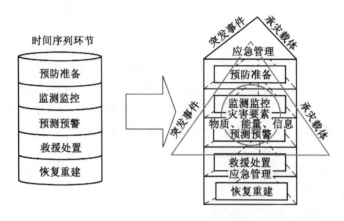

图 1-20 公共安全"三角形"模型的立体化图

1.2.6 公共安全体系架构①

公共安全体系构架针对不同的威胁所建立的安全体系不同，但它们的基本内容是相同的，公共安全体系就是在这些共同的基础上，进行资源的整合和共享（不是集中），构成一个统一的平台，提供一个基础环境。

1. 预警系统

预警系统的核心是建立通畅的信息采集渠道，科学的处理、分析模型和权威的决策机制。通过对社情、敌情、民意及各种社会动态、不同利益集团间关系的掌控和分析，对社会、经济运行的各种参数及稳定程度的监测、分析和评价，发现和预测可能出现的风险及各种矛盾的表现形式；通过对地质、水文、气象、海洋、空气、水质和疾病流行状况的各种参数的监测，发现可能出现的异常现象及其演变的趋势。预报灾害发生的可能和程度；通过对生产环境和生产设备的状态和参数的探测和监控，及时地发现危害安全生产的因素，预报事故发生的可能；对重要部门和重要场合（高风险部位）采用安全防范措施和安全检查设备，及时地发现入侵活动和危禁物品的存在，预防和制止恐怖事件和各种治安事件的发生。

通畅的渠道保证信息的全面、及时；科学的处理将去伪存真并反映各种信息内在的联系，做出相对准确的风险（灾害等发生的可能）评估；权威的决策则是采用相应的应对措施和反应手段。

预警系统除了上述的探测、信息采集和分析处理、决策系统外（危险源的识别），重要的环节是信息发布机制，以什么形式表示风险的等级与预测的准确性、有效性，以何种形式向公众发布都是非常重要的事情，它涉及公众的知情权、权威部门的公信力，与反应（专业机构的行动、公众自主的行动及两者的协调、配合）的有效性有密切的关系，这是需要深入研究的问题。

预警可分为长期、短期和紧急预警，长期和短期预警可以为反应（行动）留有相对充裕的时间，是警示性的，其准确性可以相对低一些。紧急预警则是对发生概率极高的事

---

① 公共安全体系构架，中国安防行业网。

件的警报或已发生灾害的报警。通常它要求立即响应，启动应急反应系统。显然，上述两种预警会导致两种安全体系架构：预防体系和应急反应体系。

2. 预防系统

预防系统是安全体系的基础，是决定社会整体防灾能力的最重要的部分。预防主要是针对可以准确预测或预警后有较充分反应时间的威胁，通过稳定（相对固定）的设施和手段，有明确目标（设定的）地防范。包括基础设施的加固（建筑物的抗震、城市规划的避灾），避灾场所和设施的规划和建设；防灾设施的建设（防洪、防火设施）；城市基础设施的保护（能源、水源的控制），社会服务系统的保卫（通信、广播）；高风险部位（政府、城市、行业的标志性建筑，机场、车站、大型活动等人流、物流密集的场所）的安全防范；生产安全设施的建设和劳动保护，以及传染性疾病的防治和控制等。安全理论将这些措施称为系统加固。

加固技术，特别是针对特殊威胁的加固技术（设备、方法、设施）是安全技术研究的主要内容。建立预警系统也是一种加固措施，应急反应则是一种临时加固措施。

预防是个综合的概念，不仅是技术上的事，还涉及社会的各个部门和各个方面。我国的社会治安综合治理就是一个完整的预防体系（针对治安事件）。

系统加固是长期的、持之以恒的事，要求大家（特别是当权者）具有风险意识，要坚持"安全第一"的方针，坚持"建设与安全（设施）、生产与安全（系统）同时规划、同时施工、同时使用"的原则。

3. 应急反应体系

安全系统必须具备迅速地反应和控制灾害、事故、事件的能力。显然它是针对紧急报警而言的，它所针对的威胁是不确定的（类型、地点、时间），目标是变化的。应急反应要能有效地控制事态，使其向利于安全的方向转化，要最大限度地减小损失和不良影响。

应急反应系统包括应急反应机制和应急反应的技术支持两部分。所谓应急反应机制是指：在处置紧急事件时社会各部门的运行方式、协同关系，人力和资源的配置、物资储备和调用；应急预案的制定和启动、现场指挥和决策及平时的管理和演练。应急是高风险、低概率的行动，为保证其有效性，必须时刻做好充分的准备并建立对各种事件（灾害、事故、事件）详尽的应对预案，如严重自然灾害的紧急救援和减灾，重大活动（如奥运会、世博会）的安全保卫，劫机、劫持人质及群体事件的紧急处置等。

应急反应必须有充分的技术支持，包括通信指挥、定位、探测（危险品、生命）监控等技术系统，交通、排险、破拆、生命救助、危险物品处置等装备器材及行动人员的武器和防护装备等。应急反应的有效性与紧急报警（预警）有着密切关系，通常应急反应的指挥系统与报警系统是集为一体的。

要保证反应的有效性，必须有足够的技术支持（设备、器材配备），并保证时效性，但又要避免过于闲置、资源浪费。因此，进行总体的规划和资源配置，既能满足各部门的（有所差异的）安全要求，又能做到统一指挥、资源共享。共同行动和相互协调是必要的。这就是为什么国家要求各城市建立统一的应急中心的根本原因。

国务院发布的《国家突发公共事件总体应急预案》（以下简称总体预案）是全国应急预案体系的总纲，总体预案共六章，分别为总则、组织体系、运行机制、应急保障、监督管理和附则。

总体预案是明确了各类突发公共事件分级分类和预案框架体系，规定了国务院应对特别重大突发公共事件的组织体系、工作机制等内容，是指导预防和处置各类突发公共事件的规范性文件。

编制总体预案是为了提高政府保障公共安全和处置突发公共事件的能力，最大限度地预防和减少突发公共事件及其造成的损害，保障公众的生命财产安全，维护国家安全和社会稳定，促进经济社会全面、协调、可持续发展。

在总体预案中，明确提出了应对各类突发公共事件的六条工作原则：以人为本，减少危害；居安思危，预防为主；统一领导，分级负责；依法规范，加强管理；快速反应，协同应对；依靠科技，提高素质。

总体预案将突发公共事件分为自然灾害、事故灾难、公共卫生事件、社会安全事件四类。按照各类突发公共事件的性质、严重程度、可控性和影响范围等因素，总体预案将其分为四级，即Ⅰ级（特别重大）、Ⅱ级（重大）、Ⅲ级（较大）和Ⅳ级（一般）。

总体预案适用于涉及跨省级行政区划的，或超出事发地省级人民政府处置能力的特别重大突发公共事件应对工作。总体预案规定，突发公共事件发生后，事发地的省级人民政府或者国务院有关部门在立即报告特别重大、重大突发公共事件信息的同时，要根据职责和规定的权限启动相关应急预案，及时、有效地进行处置，控制事态。必要时，由国务院相关应急指挥机构或国务院工作组统一指挥或指导有关地区、部门开展处置工作。

总体预案规定，国务院是突发公共事件应急管理工作的最高行政领导机构；国务院办公厅设国务院应急管理办公室，履行值守应急、信息汇总和综合协调职责，发挥运转枢纽作用；国务院有关部门依据有关法律、行政法规和各自职责，负责相关类别突发公共事件的应急管理工作；地方各级人民政府是本行政区域突发公共事件应急管理工作的行政领导机构。总体预案对突发公共事件的预测预警、信息报告、应急响应、应急处置、恢复重建及调查评估等机制做了详细规定，并进一步明确了各有关部门在人力、财力、物力及交通运输、医疗卫生、通信等应急保障工作方面的职责。

总体预案要求各地区、各部门做好对人员培训和预案演练工作，抓好面向全社会的宣传教育，切实提高处置突发公共事件的能力，并明确指出突发公共事件应急处置工作实行责任追究制。对突发公共事件应急管理工作中做出突出贡献的先进集体和个人要给予表彰和奖励。对迟报、谎报、瞒报和漏报突发公共事件重要情况及其他失职、渎职行为的，依法对有关责任人给予行政处分；构成犯罪的，依法追究刑事责任。

据了解，国务院各有关部门已编制了国家专项预案和部门预案；全国各省、自治区、直辖市的省级突发公共事件总体应急预案均已编制完成；各地还结合实际编制了专项应急预案和保障预案；许多市（地）、县（市）以及企事业单位也制定了应急预案。

4. 评价和标准

安全系统的评价与相关的技术标准是安全技术的基础工作，评估（风险、灾害程度）和评价（技术、系统、效果、价值）是建设安全体系的重要环节。而评估和评价的依据是标准。因此，要加强安全技术（产品）、安全管理、安全服务等各方面标准的研究和制定工作，保证公共安全体系建设的科学化、规范化。

必须强调的是：在安全体系中评价是多方面的，包括风险的评估、反应的效果、系统运行的有效性以及具体产品、技术、工程的评价等。这方面我们国家做得很不够，较多地注重产品、工程的评价，忽略了前几种涉及安全系统实效性的评价。如我们讲安防服务业，那么它的产品形态是什么，质量标准是什么，出现争议如何进行仲裁（也是一种评价）。明确了这些，行业才能正常运行，基础工作是制定相应的标准和评价方法，但在这方面我们基本上没有做。

安全产品和技术标准的完善和提高对促进我国安全技术的自主创新，保护自主知识产权，提高市场竞争力和保护我国的安全技术市场是非常重要的，这方面我们已经吃过不少亏，特别是安防技术，基本上没有自主的知识产权，这与安防行业的基础条件和发展过程有关，但与技术标准的落后也有密切的关系，如今，我们还是先有产品，后有标准，而不是标准先行，通过标准实现技术导向，通过标准引导创新，并保护自己的知识产权。

5. 法制建设和宣传教育

公共安全体系的建设必须在法律的框架下进行，安全体系要有相应的法律、法规体系作为保障和支持。安全系统建设也必须在法制的环境下进行。这方面有些行业、部门做得较好，有些行业、部门做得则很差，很多活动缺少法律的依据。

公共安全体系的运行，特别是应急系统启动时，许多活动会超越平常的规则。如抗非典期间，如果没有相应的法律、法规支持，其行动的有效性和效率就会受到限制，因为紧急不等于乱来，超越常规不是没有限度。因此，要加强应对各种危机的战略、政策的研究，并制定相应的法律、法规，使安全走上法制化的道路，使安全体系的运行更为有效。

通过媒体的宣传，提高信息的透明度和可信度，提高公民的防灾意识和知识，是十分重要的工作，使公众能处乱不惊、处险不惊，具有足够的公德精神和自救、救人的能力，倡导与人为本、保护环境、与自然和谐的发展观和健康文明的生活方式。它是提高公共安全系统的效率、减小灾害损失的重要环节。在预防体系中，各种防灾常识、行动规则的宣传普及和养成占有重要的位置。许多发达国家把防灾知识、自救方法列入基本教育的内容，是值得我们学习的经验。

1.3 煤矿安全研究方向简介

1.3.1 煤炭行业简介

1. 煤炭工业的地位和作用

煤炭工业是关系国家经济命脉的重要基础产业，支撑着国民经济持续高速发展。

煤炭在我国一次能源生产和消费结构中一直占70%左右；煤炭提供了76%的发电能源、工业燃料和动力，60%的民用商品能源，70%的化工原料。

2008年煤炭产量为27.2亿吨，约占世界煤炭产量的42%，其增量占世界煤炭增量的80%以上，分别占一次能源生产和消费的76.7%和68.7%。

我国煤炭资源占已探明化石能源总量的96%以上（图1-21）。

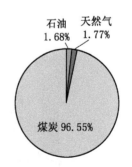

图1-21 2007年中国化石能源资源探明可采储量构成图

2. 煤炭在我国能源结构中的比例

2008 年我国能源生产总量 260000 万吨标准煤当量，其中煤炭占 76.7%，原油占 10.4%，天然气占 3.9%，水电、核电、风电等一次电力占 9.0%（图 1–22a）。与 2002 年相比，2008 年煤炭产量增加 87%（图 1–23），石油产量仅增加 14%。

2008 年我国能源消费总量为 285000 万吨标准煤当量，其中煤炭占 68.7%，石油占 18.0%，天然气占 3.8%，水电、核电、风电等一次电力占 9.5%（图 1–22b）。

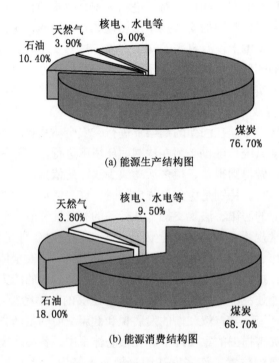

(a) 能源生产结构图

(b) 能源消费结构图

图 1–22　2008 年我国能源生产和消费结构

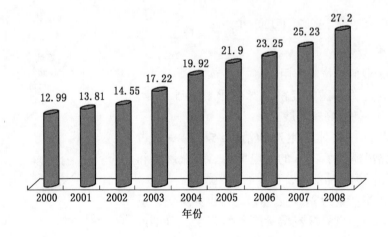

图 1–23　2000—2008 年全国煤炭生产情况（单位：亿吨）

3. 煤炭工业主要特征

（1）煤炭是不可再生的资源，煤炭工业属资源型、高危险性、投资风险高的行业，生产环节复杂。

（2）煤炭需求持续增长，煤炭生产与消费逆向布局的矛盾更加突出。

2010 年全国煤炭需求总量为 30 亿吨，2020 年中国煤炭需求约为 34 亿吨，比目前增加约 6 亿吨。

2012 年煤炭生产量为 37 亿吨。

（3）煤矿数量多、分布广，产业集中度较低。

2008 年底全国共有各类煤矿 17352 处（包括改扩建设和新建矿井），其中国有重点煤矿 1051 处，国有地方和乡镇煤矿 16301 处。

煤矿在我国 26 个省（直辖市、自治区）、1260 个县均有分布。

（4）煤矿自然条件差，井工开采比重大。我国露天矿井仅占 0.3%，产能占 6% 左右。美国露天开采比重为 67%，印度为 80%。

（5）生产力水平发展不平衡。国有重点煤矿的装备水平和集约化程度在不断提高，生产规模在逐步扩大；小煤矿技术装备水平较低，开采方法落后，基本上采用非机械开采，缺乏足够的安全保障。

1.3.2 煤矿的主要灾害

我国是世界上煤矿灾害严重、灾害多的国家，主要灾害有：瓦斯灾害、顶板灾害、矿井火灾、水害、冲击地压、尘害、热害等。

1. 瓦斯灾害

我国煤矿几乎都有瓦斯涌出，年涌出量超过 150 亿立方米；国有重点煤矿中，高瓦斯突出矿井占 49.5% 左右；全国煤矿中高瓦斯矿井 4462 处，突出矿井 911 处，国有重点煤矿中约 250 处突出矿井；我国煤矿是世界上煤与瓦斯突出最严重的国家之一；始突深度最小；瓦斯压力高，已测得的数据为 13.8MPa；至 2007 年底累计突出 16400 余次，占世界总突出次数的 40% 左右。

2. 尘害

采掘工作面产尘强度大，易导致矿工患尘肺病；据 2007 年不完全统计，全国累计尘肺病例 61.3 万人，其中煤矿尘肺病例约占一半；87.37% 的国有重点煤矿的煤尘具有爆炸危险性；煤尘与瓦斯共存时，相互促进使爆炸危险性加大。图 1 - 24 所示为采用管道全尺寸爆破试验测试粉尘爆炸产生的高温高压气体传播速度、冲击力等。

3. 自然发火

72.05% 的大中型煤矿，煤层自然发火严重或较严重；51.3% 的国有重点煤矿存在自然发火危险；几乎所有产煤区都存在自然发火危险、重点产煤区尤为严重；北方煤田火灾问题突出；露天矿也存在自然发火危险（图 1 - 25）。

4. 水害

我国煤矿水文地质条件比较复杂。大中型煤矿中，水文地质条件属复杂或极其复杂类型的占 25.04%，属于简单的仅占 39.49%；华北煤田受奥灰岩溶水威胁的矿井占矿井总数的 80%；采空区、老窑积水已成为煤矿一大隐患。

图 1-24 煤尘爆炸现场图

图 1-25 自然发火事故

5. 冲击地压

冲击地压是以煤岩急剧猛烈破坏为特征的另一种动力灾害；据 2008 年不完全统计，我国有 102 处煤矿发生过程度不同的冲击地压；大中型煤矿中 5% 的矿井存在冲击地压灾害，最大达到了 4.3 级；冲击地压容易诱发其他灾害，如火灾、瓦斯爆炸和煤尘爆炸等灾害。

6. 热害

我国煤矿的平均开采深度为 450 m 左右，每年增加 10~20 m；随着采深的增加，地应力、瓦斯压力、瓦斯涌出量随之增大，从而造成煤与瓦斯突出、冲击地压危险增加。截至

2008 年，我国超过 1000 m 的矿井 50 多对，热害成为煤矿新的灾害，热害的出现除了恶化工人工作环境外，还容易导致多种灾害的耦合发生。

1.3.3　煤矿灾害事故基本特征

1. 煤矿灾害事故现状

煤矿安全生产形势在我国工业企业中最为严峻，死亡人数是世界主要采煤国中最高的，长期以来我国煤矿的死亡人数占世界煤矿死亡人数的 80%。

煤矿安全生产形势持续好转，事故起数和死亡人数大幅下降。全国煤矿死亡人数由 2002 年的 6995 人，减少到 2008 年的 3215 人，下降了 54.05%；百万吨死亡率由 4.94 下降到 1.18，下降 76.11%（图 1–26）。

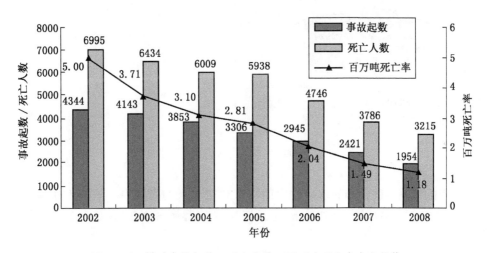

图 1–26　煤矿事故起数、死亡人数、百万吨死亡率变化趋势

2. 基本特征

1) 灾害事故类型多，瓦斯是"第一杀手"

存在各类自然灾害事故（瓦斯、水、火等）；生产性不安全因素导致事故（机械伤害、触电等）；灾害事故的主要类型是顶板和瓦斯事故；顶板事故发生频率最高，瓦斯事故死亡人数多；顶板和瓦斯事故起数之和与死亡人数之和均占事故起数和死亡人数的 60%~70%（图 1–27）。

瓦斯事故危害性大，顶板事故发生率最高。

2001—2006 年，一次死亡 10 人以上的特大（重大）事故中，瓦斯事故占 80%，一次死亡 30 人以上的特别重大事故中，瓦斯事故占 83%。

24 起死亡百人以上的特别重大事故中，瓦斯煤尘事故 21 起，事故起数和死亡人数分别占 88% 和 90%。顶板事故发生率最高（占事故总起数的 55%），死亡人数最多（占总事故死亡人数的 43%）；瓦斯事故危害性最大（平均每起事故造成 3.30 人死亡）；顶板事故和瓦斯事故的发生起数和死亡人数占总数的 66% 和 69%。一次死亡 3 人以上的事故中，瓦斯、顶板和水害事故占 90% 以上。

2) 采掘工作面事故最多

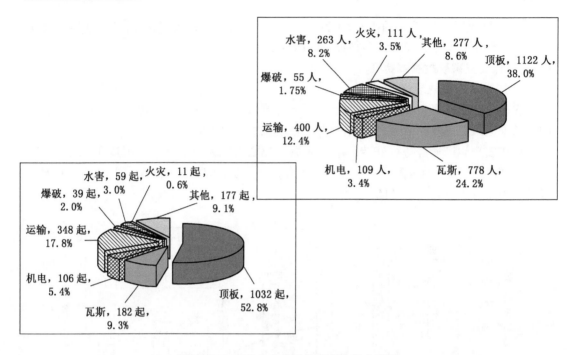

图1-27　2008年各类型煤矿事故基本情况

2008年的数据表明，国有煤矿发生的一次死亡3人的事故中，采掘工作面事故起数和死亡人数均占75%以上；其中掘进工作面事故起数和死亡人数分别占40.92%和42.62%。

2008年17起重大以上瓦斯事故中，掘进工作面发生11起，占65%；25起较大煤与瓦斯突出事故中，16起发生在掘进工作面，占64%。

3）小煤矿事故多发、非法开采矿井安全问题严重

2008年乡镇煤矿事故起数和死亡人数分别占74%和73.4%，2007年为72.7%和76.6%；2008年38起重大以上事故中，违法生产矿井20起，死亡361人，分别占重大以上事故总量的52.6%和51.1%；非法矿井3起，死亡73人，分别占重大以上事故总量的7.9%和10.3%。

4）安全生产发展不平衡，存在显著的区域性差异

2008年26个产煤省区中，有20个地区死亡人数减少，6个省市同比上升。贵州、四川、山西、重庆、湖南、河南等6个地区煤矿死亡率仍较高，人数超过250人，6省市共死亡1925人。死亡人数占全国总数的60%。

一大批矿区百万吨死亡率已降至平均水平以下，神东、兖州等矿区安全生产达到世界先进水平；一些矿区百万吨死亡率仍然居高不下。

1.3.4　煤矿灾害事故原因分析

（1）自然条件差、伴生灾害多，容易引发事故。

我国大陆是由众多小型地块多幕次汇集形成，煤盆地经受了多期次、多方面、强度较大的改造，"先天性"条件较差。正是这种地质构造，造成我国地质灾害严重。

大地构造的特点决定了煤矿地质条件的复杂性，井工矿的生产条件又增加了安全生产的难度。

国有重点煤矿中地质构造复杂或极其复杂的占36%，地质构造简单的只占23%。

（2）煤矿生产条件复杂。

我国煤矿以井工矿为主，占产能的95%；美国统计资料显示露天矿百万吨死亡率为0.0138、井工矿为0.0623，后者是前者的4.5倍。

每年以10~20m的速度延深，深井数量逐年增加，千米深井已超过20个。

煤矿巷道呈管网式的空间布置，多种致灾因子共存于同一环境，一旦发生灾害事故，容易发生致灾因子作用的耦合，形成更大灾难。

（3）生产力整体水平低。

97%的煤矿为小煤矿，整体规模小，设施简陋，经济增长方式粗放（图1-28）。

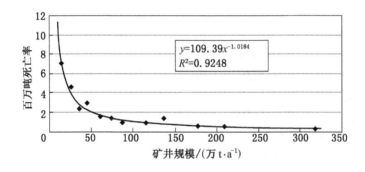

$$y=109.39x^{-1.0184}$$
$$R^2=0.9248$$

图1-28 矿井生产规模与百万吨死亡率之间的关系

开采方式落后。采用房柱式或非机械长壁采煤法的矿井百万吨死亡率较高；国有重点煤矿非机械长壁采煤的百万吨死亡率分别为普采、高档普采和综采的2.26倍、4.18倍和6.44倍。矿井超能力生产、系统超负荷运转、采掘失调、采抽失调的现象普遍。全国平均采煤机械化程度不到50%。

研究表明，采煤机械程度提高，百万吨死亡率下降。装备水平提高，自然灾害类事故所占比例下降，生产性事故所占比例上升。国有重点煤矿的自然灾害事故起数约占55%，死亡人数约占73%，而国有地方煤矿分别占78%和75%，乡镇煤矿分别占78%和86%；机电事故在事故总量中所占比例，国有重点、国有地方和乡镇煤矿分别为8.71%、2.86%和2.08%，运输事故分别为24.62%、14.11%和10%（图1-29）。

（4）灾害防治能力不足，防灾系统不健全。

近15%的国有煤矿超通风能力生产；技术会诊的462处煤矿"三量"合理的只占18.19%；存在"剃头"开采的矿井占16.54%；通风富余系数比较合理的仅占38.32%；矿井瓦斯抽放率在20%以上的矿井只占40%；大部分矿井井下供电线路、机电设备仍是建井时期铺设和购置的，老化问题严重。

（5）科技支撑能力不足。

煤矿安全基础理论研究薄弱，对灾害发生机理、演化过程尚不能全面认识，导致治本

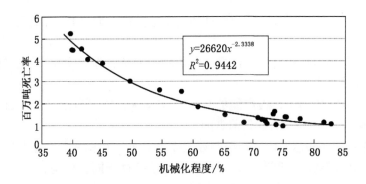

图 1-29　国有重点煤矿采煤机械化程度与百万吨死亡率关系

技术少，治表技术多；灾害防治的许多技术难题没有得到突破；先进适用灾害防治技术没有得到全面推广应用。据初步估算，科技进步对煤矿安全生产贡献率仅为 25%。

（6）安全管理水平低。

管理技术手段落后，大多停留在事后总结教训的被动管理模式上；现场管理混乱，安全技术措施不到位，隐患未及时整改；劳动组织管理较乱。安全管理体制有待完善，有效的社会制约机制急待建立。

（7）安全投入不足，安全欠账巨大。安全历史欠账问题解决难度大；遗留的安全工程缺口和设备老化等深层次问题突出。

（8）行业技术标准不能满足安全生产需要。

（9）煤矿安全科技创新体系及运行机制不健全，对安全生产支撑不足。

（10）职工素质不高，技术人员匮乏。

（11）煤矿基础设施和安全保障能力不能满足国民经济高速发展对煤炭能源的需求。

2   科学研究基本规律

2.1   科学研究及其一般程序

2.1.1   科学研究含义

科学的概念很难定义，不同时期有着不同的解释。韦氏字典（Webster's Dictionary）对科学所下的定义是：从观察、研究、实验中所导出来的一门有系统的知识。科学的广义概念是指人们对客观世界的规律性认识，并利用客观规律造福人类，完善自我。科学研究的对象从广义上讲，是指客观世界（指自然界、社会和人类思维）。科学研究对象主要是指某一具体学科的科学问题。根据研究对象的不同，可以把科学大致分为自然科学和社会科学两大类。

科学研究是科学认识的一种活动，是人们对自然界的认识和现象由不知到知之较少，再由知之不多到知之较多，进而逐步深化进入到事物内部发现其本质规律的认识过程。具体来说，科学研究是整理、修正、创造知识以及开拓知识新用途的探索性工作。

现代自然科学由基础科学、技术科学和应用科学三部分组成。

（1）基础科学：主要包括物理、化学、生物、天文学、地学和数学六个学科。

（2）技术科学：按生产技术所需要解决的某些共同问题划分，如能源科学、材料科学等。

（3）应用科学：按物质生产部门所需要解决的应用问题划分，如水利工程学、医学等。

2.1.2   科学研究的特点

1. 科研的继承性

科研的继承性是指科研是传承、连续、终身学习的不断认识过程，是科研工作者一代一代进行探索、不断发现真理并累积科学知识的过程。

2. 科研的创新性

科研的创新性是指科研工作者具有探索自然界奥秘的强烈兴趣，这种求是的理念是人们认识自然、理解自然、利用自然规律为人类服务的内在动力源泉。科学研究的生命在于创新，创新是科学发展的前提。

2.1.3   科学研究方法及意义

1. 科研方法

科研方法是从事科学研究所遵循的、有效的、科学的研究方式、规则及程序，也是广大科研工作者及科学理论工作者长期积累的智慧结晶，是从事科学研究的有效工具。科学发展和技术进步是科研方法形成的培养基，而新的科研方法的创立，又使科研工作得以有效进行，从而促进科学和技术的新飞跃。

2. 作用和意义

（1）正确的科研方法对科研工作的成败起着至关重要的作用，它是构建知识体系和科学大厦必不可少的要素，而且能扩展和深化人们的认知能力与辨识水平。

（2）错误的科研方法会导致荒谬的结论甚至伪科学，有时会严重阻碍科学研究发现的进程。

（3）科研方法在一定程度上决定着科研的成败，在科学史上相应的事例不胜枚举。

3. 科研方法的开放性

科研方法是一个开放、发展的体系，它通过科研人员的灵活使用而贯穿于研究工作的全过程。在科研工作中，借鉴、传承前人的科研方法很有必要，而改革和创新科研方法更是不可或缺。科研工作者应结合学科特点学习、研究并自觉地使用科研方法，有效地指导自己的科研工作，在实践中不断丰富和发展"科研方法论"的知识体系。

2.1.4 科学研究一般程序

1. 自然科学研究一般程序

（1）确立科研课题：该阶段在整个课题研究中具有战略意义，课题的选择与可行性论证，对科研的成败至关重要。

（2）获取科学事实：获取科学事实是课题研究的基础，该阶段主要工作是按照课题的需求收集和整理科学事实。

（3）提出科学假说：从经验上升到理论，再由感性上升到理性，科学假说对课题研究的创新性意义重大。

（4）理论实验检验：该阶段的主要任务是对已提出的假说进行理论证明或实验检验，逐步发展成为科学理论。

（5）建立科学体系：把分立的假说或理论统一纳入一个自洽的体系中，构成严谨、逻辑的科学体系。

2. 社会科学研究一般程序

社会科学研究不同于自然科学研究，其主要原因在于二者所处的发展阶段、研究对象以及解释能力上有所不同。以社会调查为例，它一般包括以下五个主要环节：确立调查课题、设计研究方案、资料收集整理、资料分析判断、撰写研究报告。

其中，前两个步骤是调查前的准备工作。于是，社会调查研究的一般程序可以划分为四个阶段：即调查准备阶段、调查实施阶段、分析研究阶段和总结应用阶段。社会调查研究的四个阶段是一个相互关联的、完整的循环过程。

从事科学研究所经历的一般程序为：问题→筛选→立题→积累（观察、实验、调查、分析等）→抽象→假说→验证→修正→再验证→下一个问题→……具体如图2-1所示。

2.1.5 如何进行科研准备

1. 明确研究动机

研究动机是激励研究者努力从事研究以实现人生目标的最大动力。研究动机一般有以下几种：

（1）个人兴趣：兴趣对科研具有积极且重要的促进作用。因此，培养做研究的兴趣，是从事科研工作的前提。

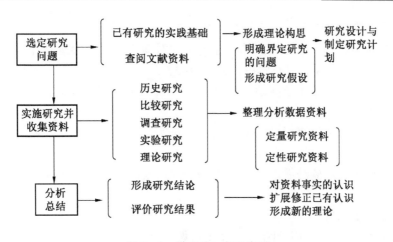

图 2-1 科研的一般程序图

（2）工作需求：大专院校、科研机构、高科技企业等单位都需要具有科研经历、大量从事科研工作的人。

（3）获得学位：为获得硕士、博士学位，需要从事科研工作，以取得与其申请的学位相匹配的科研成果。

（4）价值追求：科研人员因其成果丰硕能够获得相应的荣誉表彰和物质奖励，并受到他人及社会的尊重。

2. 知识技能学习

科学研究是一种艰苦的知识探索性劳动，没有专业知识，不掌握科研技能就无从做起。知识技能的学习是科研工作的第一要件，必须平时做好准备并打好基础，临阵磨枪是很被动的。知识的学习应做到：夯实基础，厚积薄发；提出问题，追求学问；不取亦取，虽师勿师；孜孜不倦，终生研习。

3. 掌握研究要领

（1）要能够完成：选定一个适宜的课题进行科研，采取的策略是"有限目标，能够完成"。

（2）思路要清晰：课题研究思路和重点、难点要清晰，方案制订要科学、可行，研究进程要控制、把握。

（3）方法要简单：课题研究采用的科研方法要尽量简单，灵活应用，如此可以提高工作效率。

（4）不要怕失败：若实验结果与预期不符，不要气馁，应该认真分析其中的原因，不盲目重复。

4. 着手研究问题

初学者着手研究问题应做到：面向实际，细致观察；查阅文献，详略有致；统揽全局，明确方向；抓住要害，深钻细究。具体包括以下 6 个方面：

（1）首先决定研究课题的题目：明确研究的主题，确定主要的研究方向。

（2）明确该领域已做过哪些研究：通过调研国内外研究现状，尤其是国内外经典教材、报告、论文等相关内容，确定前人开展的研究以及研究进展。

（3）整理资料，理清资料之间的相互关系；对前人研究内容进行梳理，确定该领域不同研究内容之间的联系，以及解决目标问题的差距。

（4）将课题分解成若干子问题，开展研究：针对国内外研究不足，对不足进行总结，发现问题的方法。

（5）精心设计研究过程提供解决方案：针对实验或者理论分析的结果，凝练与科学问题相关的成果。

（6）对已取得的实验结果进行理论解释：利用新的理论、方法或者实验解释我们之前提出的科学问题，形成科学闭环。

5. 进实验室做研究

对初学者特别是在校的本科生，进实验室做研究应在以下几个方面做准备：

1）进入实验室应具备的基本条件

作为本科生，进实验室做研究需要具备以下两个基本条件：①要有足够的时间到实验室做研究；②要有很强的自学能力和吸纳本领。

2）进入实验室后应如何做研究

（1）要正确地为自己定位：①以虚心的态度向老师和学长们学习；②以助手的姿态协助老师和学长们实验。

（2）如何做实验：①在实验室不单是做实验，而是要做研究；②实验前准备得越充分，实验就越顺利；③实验操作要规范，实验记录要真实、详尽；④要经常复习实验记录，并从中发现新问题。

（3）如何阅读文献：①先看综述，后看论著；②先看导师论文，再看学长学位论文；③要挖掘出文献真正有价值的内容；④要把做实验与阅读文献结合起来。

3）问什么样的问题和怎样问问题

（1）问什么样的问题。

（2）怎样问问题。

4）要学会几项基本技能

（1）学会上网检索文献，掌握几个重要的搜索网站。

（2）学会做 Powerpoint 文件，为在学术会议上发言做准备。

（3）学会常用的科学计算软件和绘图程序，为处理实验数据做准备。

2.2 科研选题及信息收集

2.2.1 科研课题类型与来源

1. 课题类型

（1）一般分类。科研课题的一般类型有：理论性研究课题、实验性研究课题和综合性研究课题三大类。

（2）基本类型。科研课题的基本类型有：基础性研究课题、应用性研究课题和发展性研究课题三大类。

（3）特殊类型。指针对某些特殊需求提出并确立的课题，如专项研究课题、委托课题、自选课题等。

2. 课题来源

课题的设置一般视国家需要、社会需求、经费来源、项目管理机构等因素决定。课题主要包括指令性课题、指导性课题、委托课题和自选课题。

1）指令性课题

指令性课题，是指各级政府主管部门考虑全局或本地区公共事业中迫切需要解决的科研问题，指定有关单位或专家必须在某一时段完成某一针对性很强的科研任务。

2）指导性课题

指导性课题，又称为纵向课题，是指国家有关部门根据科学发展的需要，规划若干科研课题，通过引入竞争机制，采取公开招标方式落实项目。指导性课题主要有国家自然科学基金、科技部专项计划课题、政府管理部门科研基金、单位科研基金以及国际协作课题等。

（1）国家自然科学基金。国家自然科学基金包括以下内容：

①面上项目。面上项目也叫一般项目，照顾的面比较大，是国家自然科学基金研究项目系列中的主要部分，支持从事基础研究的科学技术人员在国家自然科学基金资助范围内自主选题，开展创新性的科学研究，促进各学科均衡、协调和可持续发展。面上项目是科学基金最基本的资助项目类别，其经费额约占科学基金总额的60%。

②重点项目。重点项目是国家自然科学基金资助体系中的另一个重要层次，主要支持科技工作者结合国家需求，把握世界科学前沿，针对我国已有较好基础和积累的重要研究领域或新学科生长点开展深入、系统的创新性研究工作。重点项目基本上按照五年规划进行整体布局，每年确定受理申请的研究领域、发布《指南》引导申请；重点项目的申请要体现有限目标、有限规模和重点突出的原则，重视学科交叉与渗透，利用现有重要科学基地的条件。一般情况下，由一个单位承担，确有必要时，合作研究单位不超过2个。研究期限一般为4年（特殊说明的除外）。

③重大项目。重大项目要服务于国家战略需求目标，根据国家经济、社会、科技发展的需要，重点选择具有战略意义的重大科学问题，组织学科交叉研究和多学科综合研究。"十一五"期间，重大项目资助规模控制在30项左右，平均资助强度达到1000万元以上。

（2）科技部专项计划课题。科技部专项计划课题包括以下内容：

①973计划、863计划课题。973：原国家科技领导小组第三次会议决定要制定和实施《国家重点基础研究发展规划》，随后由科技部组织实施了国家重点基础研究发展计划（亦称973计划）。制定和实施973计划是党中央、国务院为实施"科教兴国"和"可持续发展战略"，加强基础研究和科技工作做出的重要决策，是实现2010年以至21世纪中叶我国经济、科技和社会发展的宏伟目标，提高科技持续创新能力，迎接新世纪挑战的重要举措。863：1986年3月，王大珩、王淦昌、杨嘉墀、陈芳允四位老科学家给中共中央写信，提出要跟踪世界先进水平，发展我国高技术的建议。这封信得到了邓小平同志的高度重视，小平同志亲自批示：此事宜速决断，不可拖延。经过广泛、全面和极为严格的科学和技术论证后，中共中央、国务院批准了《高技术研究发展计划（863计划）纲要》。

从此，中国的高技术研究发展进入了一个新阶段。在党中央和国务院的正确领导下，在有关部门的大力支持下，经过广大科技人员的奋力攻关，863 计划取得了重大进展，为我国高技术发展、经济建设和国家安全做出了重要贡献。

②国家重点攻关项目。

③火炬计划及星火计划。火炬计划：是党中央、国务院 1988 年 8 月批准的由科技部（原国家科委）组织实施的旨在促进高技术产业形成和发展的指导计划。火炬计划的基本宗旨是贯彻执行改革、开放、搞活的总方针，发挥我国科技力量的优势，促进高新技术成果商品化、高新技术商品产业化和高新技术产业国际化。火炬计划的重点技术发展领域包括：新型材料，生物技术，电子和信息，机电一体化，新能源、高效节能和环境保护，以及其他高技术领域。星火计划：是 1986 年由党中央、国务院批准实施的以振兴农村经济为宗旨的科技计划，旨在选择适用的科技成果和管理，推广到广大农村。国务院委托国家科委负责星火计划的组织实施工作，并要求各级科技、教育和经济部门为实施这项计划密切协作。

④社会发展科技计划。

⑤技术创新工程等。针对技术创新体系建设中存在的薄弱环节和突出问题，主要从六个方面入手：推动产业技术创新战略联盟构建和发展；建设和完善技术创新服务平台；推进创新型企业建设；面向企业开放高等学校和科研院所科技资源；促进企业技术创新人才队伍建设；引导企业充分利用国际科技资源，为此专门申请成立了总部位于北京辐射全国各分中心的北京诚海创新工程技术研究院。

（3）政府管理部门科研基金。政府管理部门科研基金是指国家、省市及地市科技、教育、卫生行政部门设置医药科学专用研究基金。如教育部设立的博士点专项基金、优秀青年教师基金、留学归国人员启动基金等。

（4）单位科研基金。根据本单位财力状况，适当拨出一些经费用于科技开发，或者为下一步申请国家及省级课题或基金奠定前期研究基础。

（5）国际协作课题。国际协作课题是指由国家科技部与国际科研机构、基金会等组织就某一科学或技术问题组织进行的跨国家、跨区域的研究课题。

3）委托课题

委托课题属于横向课题，来源于各级主管部门、大型厂矿企业和公司等。如有关设备改造、科技攻关、技术创新及新产品开发等课题。

4）自选课题

自选课题是指研究者根据个人的专业特长、经验与喜好选定的课题。自选课题灵活，大有潜力。

2.2.2 科研选题的一般原则

选题是科学研究的第一步，具有战略性和全局性的特点。科研选题决定着科研工作的方向，作为研究战略的起点，在很大程度上它决定了该研究课题的成功与失败。

1. 创新性原则

科学研究活动具有探索性质，是前人未做或未完成的而预期能出新成果的研究工作，包括科学问题、技术问题中的新原理、新方法、新材料和新工艺等。

2. 可能性原则

选题要从实际出发，实事求是，量力而行。应根据课题组的已有基础、物质条件、人员结构以及协作关系等各个方面综合分析，有把握地确定科研选题。

3. 优势性原则

优势性原则是指在科研选题时，要从国内、本省、市、地区、单位及个人的长处出发，充分发挥已有优势，扬长避短。

4. 需要性原则

需要性原则是指在科研选题时，要从社会发展、人民生活和科学技术等的需要出发，优先选择那些关系到国计民生亟待解决的重大的自然科学理论和技术研究问题。

5. 经济性原则

经济性原则是指在科研选题时，必须对课题研究的投入产出比进行经济分析，力求做到以较低的代价，获得较高的经济收益或经济效果。

6. 实效性原则

实效性原则是指在科研选题时，应该考虑该课题在预计的时段，将会产生相应的阶段性研究成果，对发展科学特别是推动技术进步具有明显的实际效益。

7. 团队性原则

重大课题的立项、申报、组织和运作，必须由课题组各个成员分头负责攻关该课题的某一方面，需要彼此协同攻关才能完成。

8. 发展性原则

科研选题要考虑其发展前途、推广价值、普遍意义及可持续性，以此为基础是否能够衍生出新的研究领域和相关新课题。

2.2.3　科研选题方式及程序

1. 选题范围

（1）从招标范围中选题。

（2）从碰到的问题中选题。

（3）从文献的空白点选题。

（4）从已有课题延伸中选题。

（5）从改变研究要素中选题。

（6）从跨领域的研究中选题。

2. 科研选题程序

（1）提出问题。提出问题是科研选题的始动环节，具有重要的战略意义和指导作用。

（2）构建方案。方案的构建应按照"思路新、起点高、意义大"的要求进行。

（3）选题报告。为使选题更加科学、全面，需邀请专家进行评估，通过集思广益形成选题报告。

（4）申报取向。课题申报应遵循"知己知彼、有的放矢、部门对口、学科相符"的基本策略。

2.2.4　科研课题的信息收集

1. 信息的类型

（1）按文献的载体分类。一般有纸张型、缩微型、声像型、机读型、数字图书馆等。

（2）按文献发布的类型分类。一般包括图书、期刊、特种文献等。

（3）按文献使用的级别分类。一般包括零次信息源、一次信息源、二次信息源、三次信息源。

（4）网络环境下图书馆信息资源。一般包括传统文献、电子信息资源等。

2. 信息的收集

（1）收集的标准：一般包括针对性、代表性、可靠性、完整性。

（2）收集的方式：一般包括科学文献、学术会议、信息交流、网络查询等。

3. 信息的检索

（1）检索概念：根据特定课题需要，运用科学的方法，采用专门的工具，从大量信息、文献中迅速、准确、相对无遗漏地获取所需信息（文献）的过程。

（2）信息检索途径：

①数目文献数据库→图书馆馆藏目录（联合目录）→获取印刷原文。

②计算机全文数据库（校园网）→获取电子原文或印刷原文。

③网络资源与传递：电子期刊、引擎、大型文献数据库、亚洲桥、图书馆馆际互借等→获取电子或印刷原文。

（3）检索要求：

①科研课题开题阶段：查找某概念的确切含义、跟踪相关研究进展。

②科研成果鉴定阶段：该研究与相关专业、领域的先进性、科学性、新颖性之比较。

（4）检索方法：主要有工具法和引文法。

（5）检索步骤：

根据文献的特征，检索步骤包括外表途径、内容途径。

2.3 科研方法与思维方式

2.3.1 典型科研方法

1. 科研方法的层次

1）哲学方法

这是最根本的思维方法，是研究各类方法的理论基础和指导思想，对一切科学（包括自然科学、社会科学和思维科学）具有最普遍的指导意义，是研究方法体系的最高境地。

2）一般方法

一般方法是特殊方法的归纳与综合，它以哲学方法为指导，对各门学科研究具有较普遍的指导意义，也是连接哲学方法与特殊方法之间的纽带和桥梁。

3）特殊方法

特殊方法是适用于某个领域、某类自然科学或社会科学的专门研究方法，是构建研究方法体系大厦的基础。由于各门学科具有自身的研究对象和特点，因此其研究方法各有所长。

2. 典型的科研方法

1）观察

（1）观察方法：观察方法是探索未知世界的窗口。

（2）观察的意义：科学始于观察，积累原始资料，是科学发现和技术发明的重要手段。

（3）观察的原则：客观性原则、全面性原则、典型性原则、辩证性原则。

（4）观察的种类：直接观察、间接观察。

（5）观察的偏差：主观因素、客观因素。

2）实验

（1）实验方法：实验是发现科学奥秘的钥匙。

（2）实验新特点：规模扩大化、测量精密化、操作自动化等。

（3）实验的作用：简化和纯化研究对象，加速或延缓研究过程。

（4）实验的类型：根据实验方式、作用、对象等因素，有多种分类方式。

（5）实验的要求：规范、详细、真实、重复等。

（6）实验的缺陷：实验假象、实验误差、实验限制等。

3）模拟

（1）模拟方法：以相似理论为基础的一种理想化数值分析方法。

（2）模拟的特点：在一定程度上可再现模型的运动规律。

（3）模拟的种类：模拟有多种分类形式，如物理模拟、数学模拟、智能模拟等。

（4）模拟的作用：缩短研制周期，培训复杂技术操作人员，安全迅速，节约高效。

（5）模拟的不足：可用于最初实验研究，但不能代替真实的实验。

4）数学

（1）数学方法：利用简明精确的形式化语言来定量描述客观规律。

（2）数学方法的特点：高度抽象、精确性、逻辑性等。

（3）数学方法的作用：为各门科学研究提供定量分析和理论计算方法。

（4）数学模型的类别：确定型、随机型、模糊型和突变型等。

（5）数学模型的建立：数学模型建立流程如图 2-2 所示。

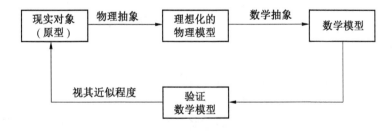

图 2-2　数学模型建立流程图

（6）科研中的数学方法。科研中数学方法的学习和实践，对于理工科大学生在未来从事科学研究与工程设计意义重大。具体的应用有计算科学、信息科学、概率与精算等三个方向。在新兴交叉学科中，数学的应用更具有综合性，表现为灵活性与多样性相结合。

5）理想化

（1）理想化方法：一种对问题本质高度抽象的研究方法。

（2）理想模型：运用抽象的方法，在思维中构建出的一种高度抽象的理想化研究客体。

（3）理想实验：在思维中把实验条件和研究对象纯化，抽象进行的"假想实验"。

（4）理想方法的作用：极端条件下探索研究对象的性质和规律，促进科学理论体系建立。

6）类比

（1）类比方法：一种通向科技创新的桥梁。

（2）类比的特点：或然性、创新性。

（3）类比的程序：类比的基本程序框图如图 2 - 3 所示。

（4）类比的局限：研究对象间相似度不够，推理客观基础限制，逻辑根据不充分等。

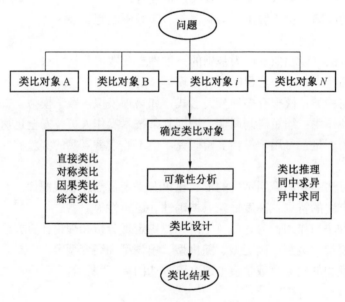

图 2 - 3　类比基本程序框图

7）假说

（1）科学假说：从一定意义上讲是科学研究理论的先导。

（2）假说的特点：预见性、推测性、待证性等。

（3）假说的形成：提出基本假说、初步形成假说、假说筛选、建立完整体系。

（4）假说的作用：减少科研工作的盲目性，增强自觉性。

（5）假说的验证：直接（或间接）验证法、逐步逼近法、排除法、反证法等。

8）综合

（1）综合方法：创建科学体系的总结。

（2）综合的特点：集局部于整体、由简变繁、化零为整。

（3）综合的作用：构建完整体系，确立科学概念，变革传统思想。

（4）综合方法的实例：

①经典物理的三大综合（经典力学、经典热力学、经典电磁理论）。

②现代物理的两大综合（量子力学、相对论）。

2.3.2 科研思维方式

1. 创造性科学思维

（1）问题提出阶段：问题提出阶段是创造性科学思维活动的第一阶段，该阶段是有意识的。

（2）探索创造阶段：探索创造阶段是创造性科学思维活动的第二阶段，该阶段通常是无意识的。

（3）整理完善阶段：整理完善阶段是创造性科学思维活动的第三阶段，该阶段是有意识的。

2. 典型的思维方式

1）抽象

（1）抽象的含义：抽象就是运用理性思维方法概括或抽取事物本质和规律的思维过程。

（2）抽象的特征：典型性、概括性。

（3）抽象的原则：实践第一、材料充分、逻辑思辨、综合概括。

（4）抽象的程序：去粗取精、去伪存真、由此及彼、由表及里。

（5）抽象的作用：产生科学概念，深刻理解本质，促进科技发明。

2）概念

（1）概念的含义：一种反映同类研究对象一般的、本质属性的思维形式。

（2）概念的特征：抽象性、可变性。

（3）概念的意义：建立理论大厦的基石，用最少的原始概念和原始关系创立知识体系。

（4）概念的形成：在对研究对象反复探索过程中，不断积累深化、提炼而成。

3）判断

（1）判断的含义：一种对研究对象有所断定的思维方式。

（2）判断的特征：一是有所断定，二是或真或假。

（3）判断的辩证性：概念与判断之间相互依赖，相互对立，判断反映事物的本质。

（4）判断的作用：判断是认识活动的成果。无判断，则无科学研究，认识亦无法前进。

（5）判断的局限性：判断前提，概念使用，判断间关联程度等。

4）推理

（1）推理的含义：由前提、结论和推理根据三个部分组成。

（2）推理的种类：推理有多种分类方式，如直接推理和间接推理。

（3）推理的意义：获得新认识、新知识和新预见。

（4）推理的局限性：推理前提，推理属性，判断间的逻辑必然性等。

5）证伪

（1）证伪的概念：一种试错法，指对已有的理论或学说举反例以论证其谬误或不完备。

（2）证伪的价值：体现一种批判精神，科学是在不断被"证伪"中发展的。

（3）证伪的作用：一例否决，判决性实验或检验（验证）。

（4）证伪的局限性：证伪实验的完善程度、判断的可靠性、假说或理论的完善程度等。

6）想象

（1）想象的含义：对已有的表象进行加工和重新组合而建立的新形象的过程。

（2）创造想象：根据预定目的，依据现成描述，在头脑中独立创造新形象的过程。

（3）想象的作用：想象力是科技发明过程中不可或缺的因素，能够催化科研成果。

（4）培育想象力：想象力是一种十分可贵的才能，是后天学习、锻炼并培育的结果。

7）直觉

（1）直觉的定义：凭经验不经过逻辑推理，借理性直观突然获得对事物本质洞见的能力。

（2）直觉的特点：大脑下意识活动，直觉并非绝对正确，可能是易犯错误人脑的产物。

（3）直觉的作用：直觉在创造性思维中具有重要作用。

（4）直觉的产生：直觉转瞬即逝，要善于捕捉，来则迅速记录。

8）自洽

（1）自洽的含义：提出的新理论、学说应具有内在的一致性，能够自圆其说。

（2）自洽性的意义：自洽性是任何科学理论（或假说）建立的最基本要求之一。

（3）自洽的特征：自洽是一种和谐，理论自洽性在科学上体现出一种内在美。

3. 八大科研技巧

八种典型的科研方法和八种典型的思维方式，可称之为八大科研技巧：

（1）注重实验观察——勤于实践，开展大量实践是发现问题的基础，只有开展足够多的实践，才能真正促进思考。

（2）善于抓住机遇——敏锐眼力，在大量实践的基础上善于去发现问题，这是科研思维的基础。

（3）善于提出假说——创新思维，在发现问题的基础上，结合基础理论分析，提出可能的解释。

（4）发挥想象能力——睿智分析，对发现问题，利用理论基础知识进行合理的解释。

（5）充分利用直觉——捕捉灵感，在一定的基础上，对问题发展方向有一个敏锐的解释。

（6）正确推理分析——自洽体系，提出的解释能够完美地解决实践中遇到的问题，并且前后保持一致。

（7）下定决心攻关——执着追求，在发现问题后，能够不断地坚持探索创新，最终解决问题。

（8）不断总结规律——揭示真理，通过实验开展，发现问题，理论解释分析，对解释进行升华，总结得出经验性的规律。

2.3.3 科研思维培养

科研思维培养是学生能力培养过程中的关键环节，直接决定了国家科技能力水平，是高等教育的主要任务之一。科研思维培养主要分为 10 个部分：

（1）要有追求真理的事业心：对待科研中涉及的科学问题能够严肃对待，并且把追求科学真理当成自己的主要任务。

（2）要有循序渐进的平常心：发现科研问题和解决问题往往需要很长的过程，并且每一个步骤都可能失败，因此在研究的道路上，需要培养学生一颗循序渐进的平常心。

（3）要有难以满足的好奇心：科学研究生，除了掌握基础知识外，还需要对新的事物或者新的问题有一颗好奇的心，这是发现问题的基础。

（4）要有坚持不懈的进取心：在科学研究中，解决一个问题需要很多步骤，只有坚持不懈才能最终解决实际问题。

（5）要有一丝不苟的敬业精神：作为学生或者研究人员，认真是一个基本的原则，只有认真对待才能保证发现问题的准确性。

（6）要有求真务实的踏实作风：科学问题是相对客观的，通常经得起推敲，并且能够经过客观世界的验证。在科研过程中，需要同学们具备求真务实的踏实作风，最终才能保证实验结果的客观性。

（7）要有克服万难的决心毅力：科研道路是曲折的，随着研究进展，发现问题的难度不断增加，因此需要我们有一颗受挫的心，能够经受挫折的洗礼。

（8）要有无私无畏的奉献精神：科研成果与实际收益还存在较远的距离，很多科研成果只是技术应用的基础，在科研过程中，经常会出现别人利用相关基础成果创造了巨大的收益，而这部分收益与研究人员并没有直接关系，因此在研究中需要无私无畏的奉献精神。

（9）要有团结协作的合作精神：由于每个人的研究基础不同，这决定了我们看待问题的方向不同，而真正的科学问题通常涉及不同的领域。因此，团结协作更能够产生灵感的火花。

（10）要有服从事实的宽广胸怀：在科研过程中，我们需要遵从物体发展的基本规律，由于我们认识有限，可能我们的理解与现实存在较大的偏差，但我们需要有服从事实的宽广胸怀，认真接受客观的道理。

2.4 科研设计与技能培养

2.4.1 研究型设计

1. 基本概念

研究型设计有时也称为研究设计，是对科学研究的具体内容与方法的设想和计划安排，包括专业设计和统计学设计。

2. 设计步骤

选题→查询→阅读（专著、综述、论文）→写出综述→方案设计→做实验(样本确定、误差控制)→初步结果→开题报告或研究设计书。

3. 设计原则

(1) 科学性原则：研究设计应符合一般的自然规律，要在研究中不断发现新现象，修正和调整研究计划或内容，使之更加切合实际。

(2) 创新性原则：创新性是科学的灵魂。要注意尽可能地在研究设计中采用新观点、新概念、新方法及新技术。

(3) 规范性原则：规范性包括研究设计最初的资料查询、科研选题、开题报告、研究设计书的撰写等。

(4) 统计学原则：在研究设计过程中，应充分考虑分组、例数、采用指标、数据表达、误差控制等方面的数据统计方法。

4. 主要内容

1) 格式要求

(1) 开题报告：清晰展示开题必要性，说明国内外研究进展。

(2) 研究设计书：展示实验的设计，研究内容的具体步骤。

2) 主要内容

(1) 题目和摘要：给出研究题目和主要研究内容。

(2) 课题来源：说明课题主要受到的项目支持。

(3) 选题依据：说明研究意义和选题要解决的科学问题。

(4) 研究内容与创新点：说明研究内容中新的东西，核心在哪里以及和研究对学术和科研所做出的贡献。

(5) 可行性分析：分析实验方案的可行性。

(6) 研究目标及计划：研究最终需要得出的东西以及研究打算开展的内容。

(7) 关键问题及其对策：研究中核心的问题以及针对核心问题拟采用的解决方法。

(8) 参考文献及其他：国内外研究进展。

3) 开题报告

(1) 研究题目。

(2) 课题来源。

(3) 选题依据。

(4) 研究内容与创新点。

(5) 研究目标及研究计划。

(6) 拟解决的关键问题。

(7) 参考文献。

2.4.2 实验型设计

1. 基本概念

实验型设计有时也称为实验设计，是通过设计实验方案、采用实验的手段来从事科学研究的设想和计划安排。下面以医学实验设计为例进行说明：

(1) 处理因素：处理因素即受试因素，通常指由外界施加于受试对象的因素，包括生物的、化学的、物理的或内外环境的。

（2）实验对象：实验对象即受试对象，大多数医学科研的受试对象是动物和人，也可以是器官、细胞或分子。但中药种植中培育品系的研究则将药用植物列为受试对象。

（3）实验效果：实验效果即实验效应，其内容包括实验指标的选择和观察方法两个部分。而效应指标的正确选定是非常重要的。

2. 设计步骤

选题→查询→方案设计→预实验→对比析因→初步方案→优化方案→正式实验→误差控制→初步结果→方案确定。

3. 设计原则

（1）对照性原则：对照是实验设计的首要原则。有比较才能鉴别，对照是比较的基础。对照的种类有很多，可根据研究目的和内容加以选择。

（2）随机化原则：随机化原则不仅要求有对照，还要求可能产生混杂效应的非处理因素在各组中（对照和实验组）尽可能保持一致，以保持各组的均衡性。

（3）重复性原则：重复性原则要求实验一定具有可重复性或再现性，其目的是使均数逼真，并稳定标准差，以保证得到的统计推断具有可靠的前提。

（4）典型性原则：实验的设计要保证受试对象及实验结果具有典型性，如此才能保证实验的有效性，并以之为基础加以推广和应用。

4. 基本要求

（1）数据表达：实验结果的表达应具有直观性、简便性。

（2）误差控制：需要控制的误差有：抽样误差、感官误差、系统误差、随机误差、顺序误差、理论误差、非均匀误差等。

（3）实验标准化：整个实验过程必须采用标准化的方法进行，每一步必须有明确记录，保证数据的可靠性。

（4）失败分析：认真分析实验失败，失败乃成功之母，从失败中找到解决问题的办法，直至取得成功。

5. 实验设计实例

（1）实验题目。

（2）实验目的。

（3）实验目标。

（4）预期成果。

（5）实验方法。

（6）技术路线。

（7）实验内容。

（8）已有实验条件。

（9）尚缺实验条件。

（10）实验中可能出现的问题及对策。

（11）参考文献。

2.4.3　科研技能培养

科研技能培养分为以下几个阶段。

1. 科研前期的准备阶段

1）科研资料的收集

（1）收集的方式。包括：课题组已有文献、最新专著及论文、会议论文及报道、学术交换资料等。通过国内外各大数据库调研获取。

（2）收集的范围。最初可集中某一领域，然后逐步放宽范围，拓展相关文献，随时补充研究信息等。

（3）收集最新文献。尽量搜集国内外近3～5年发表的论文及报道，最好是该领域的标志性论文。论文最好找相关领域的高水平期刊或者权威学者写的相关论文。

2）文献阅读和整理

（1）准确理解：能够全面掌握和了解文献中的相关内容，前人研究了什么问题，开展了什么实验，得出了哪些结论。

（2）抓住要点：对文献中的创新点进行深入分析，总结前人研究进展，对文献中的创新点有一个基本的认识。

（3）精读与泛读：由于目前每年都有上万篇论文发表，甚至在某一小领域也会有几十或者上百篇最新的文献。因此，我们需要泛读相关领域的相关文献，对于选择出的好文献，进行精细阅读，这样有利于科学问题的提出。

（4）收集主要的数据：对前人研究的数据进行搜集，对规律进行升华，为自己研究奠定相应的基础

（5）形成自己的观点：分析前人实验数据和结论，形成自己的创新点。

2. 科研中期的提炼阶段

（1）课题组织与分解：对课题进行拆分，明确课题中涉及的不同模块，为针对性研究奠定基础。

（2）方案设计与实施：针对科学问题以及创新点进行针对性的方案设计，最终提出解决问题的科学方法。

（3）成果提炼与累积：对研究成果进行总结和分析，得出科学性、通用性的成果，使得成果更容易被接受。

3. 科研后期的整理阶段

（1）根据课题任务指标，对比阐述任务完成情况。

（2）以表格或图示提供具体数据，附录相关证明。

（3）对研究成果的分析和讨论，重点阐述创新点。

（4）对研究成果的评述，包括先进性、存在的问题及展望。

4. 科研成果的推出

（1）科研成果申报。

（2）申请专利。

（3）撰写论文发表。

3　煤矿安全相关科研设备介绍

3.1　瓦斯防治方面设备

3.1.1　瓦斯的定义

广义上：矿井瓦斯是煤矿生产过程中，从煤、岩内涌出的以甲烷为主的各种有害气体的总称。煤矿井下的有害气体有甲烷（沼气）、乙烷、二氧化碳、一氧化碳、硫化氢、二氧化硫、氮氧化物、氢、氮等，其中甲烷所占比重最大，在80%以上。狭义上：矿井瓦斯单指甲烷。

3.1.2　瓦斯的化学性质

瓦斯的化学名称叫甲烷（CH_4），是无色、无味、无毒的气体。瓦斯混合到空气中后，既看不见，又摸不着，还闻不出来，只能依靠专门的仪器才能检测到。

甲烷分子的直径为0.3758×10^{-9} m，可以在微小的煤体孔隙和裂隙里流动。其扩散速度是空气的1.34倍，从煤岩中涌出的瓦斯会很快扩散到巷道空间。甲烷标准状态时的密度为0.716 kg/m³，比空气轻，与空气相比的相对密度为0.554。瓦斯微溶于水。

3.1.3　瓦斯的"三害一用"

（1）窒息：甲烷虽然无毒，但其浓度如果超过57%，能使空气中氧浓度降低至10%以下。瓦斯矿井通风不良或不通风的煤巷，往往积存大量瓦斯。如果未经检查就贸然进入，因缺氧而很快地昏迷、窒息，直至死亡，此类事故在煤矿并不鲜见。

（2）燃烧爆炸：瓦斯在适当的浓度能燃烧和爆炸，爆炸浓度达5%~16%。

（3）突出：在煤矿的采掘生产过程中，当条件合适时，会发生瓦斯喷出或煤与瓦斯突出，产生严重的破坏作用，甚至造成巨大的财产损失和人员伤亡。

（4）利用：瓦斯可作为燃料和化工原料（炭黑和甲醛）。把煤层中的瓦斯抽到地面可以变害为利。

3.1.4　瓦斯在煤体内存在的状态

煤层中瓦斯赋存两种状态：游离状态、吸附状态（图3-1）。

3.1.5　瓦斯参数测试等相关设备

1. 瓦斯吸附常数测定仪器

瓦斯吸附测量仪器常用于测量瓦斯吸附常数，具体装置如图3-2所示。

测量的整个流程：将处理好的干燥煤样，装入吸附罐，真空脱气，测定吸附罐的体积，

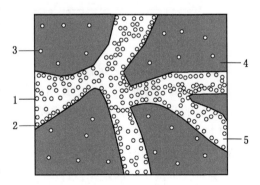

1—游离瓦斯；2—吸着瓦斯；
3—吸收瓦斯；4—煤体；5—孔隙

图3-1　煤体中瓦斯的吸附状态

图3-2 瓦斯吸附常数测定仪器

向吸附罐中充入一定体积的甲烷，使吸附罐内的压力达到平衡，部分气体被吸附，部分气体仍以游离状态处于剩余体积之中，已知充入甲烷体积，扣除剩余体积内的游离体积，即为吸附体积，连接起来即为吸附等温线。

具体示意图如图3-3所示。

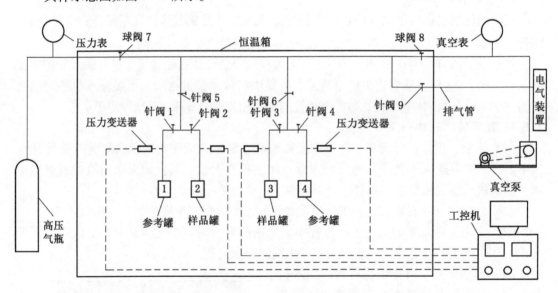

图3-3 仪器部件图

2. 瓦斯放散初速度测定仪器

该仪器主要用于测量煤样中瓦斯放散的初速度，是瓦斯突出危险性的一个关键指标。考查研究煤的瓦斯放散特性，连续测定一个大气压下吸附后0~60 s的瓦斯扩散速度。如图3-4所示。

3. 瓦斯渗透率测定仪

该测量仪是基于达西定律设计的，具体的数学公式如下：

$$u = -\frac{K}{\mu}\frac{\mathrm{d}p}{\mathrm{d}x} = -\lambda\frac{\mathrm{d}p}{\mathrm{d}x}$$

该操作过程主要是在一定压力下的气体通过流量计后流过岩心，由于岩心的渗透率不同，通过岩心的前后两端的压力也不同，压力传感器将这一信息传输给计算机，计算机便得出岩心前后的压差和在这一压力下所对应的流量，代入公式便可求出岩心的渗透率。具体测量装置如图 3 - 5 所示。

图 3 - 4　瓦斯放散初速度自动测定仪

图 3 - 5　瓦斯渗透率测定仪器

3.2　火灾防治方面设备

3.2.1　火灾与矿井（煤田）火灾的概念

火灾：违背人们意愿而发生的非控制性燃烧称为火灾。按火灾发生地点不同可分为：地面火灾和井下火灾。地面火灾指发生在矿井工业广场范围内地面上的火灾称之为地面火灾。地面火灾外部征兆明显，易于发现，空气供给充分，燃烧完全，有毒气体较少；地面空间宽阔，烟雾易于扩散，便于救灾。矿井（煤田）火灾指在矿井或煤田范围内发生，威胁安全生产、造成一定的资源和经济损失或者人员伤亡的燃烧事故。

3.2.2　矿井火灾的构成要素

矿井火灾发生的原因虽是多种多样，但构成火灾的基本要素归纳起来有热源、可燃物、氧气三个方面，俗称火灾三要素。

1. 热源

具有一定温度和足够热量的热源才能引起火灾。在矿井中，煤的自燃、瓦斯煤尘爆炸、爆破作业、机械摩擦、电流短路、吸烟、烧焊以及其他明火等都可能成为引火源。

2. 可燃物

在煤矿矿井中，煤本身就是个大量而且普遍存在的可燃物。另外，坑木、各类机电设备、各种油料、炸药等都具有可燃性。可燃物的存在是火灾发生的基础。

3. 空气

燃烧就是剧烈的氧化现象，空气的供给是维持燃烧不可缺少的条件。实验证明，在氧浓度为 3% 的空气环境里，燃烧不能维持。

以上介绍的火灾三要素必须是同时存在，相互配合，而且达到一定的数量，才能引起矿井火灾。

3.2.3 火灾参数测试等相关设备

1. 氧指数测定仪

可燃物只有在一定的氧气浓度下才能够进行燃烧反应。氧指数测定仪主要测量在规定的条件下，材料在氧氮混合气流中进行有焰燃烧所需的最低氧浓度。其装置如图 3−6 所示。

2. 燃烧热测定仪

主要用于在规定的条件下，材料在氧氮混合气流中进行有焰燃烧所需的最低氧浓度。燃烧过程中，在不同氧气浓度下，热释放量不同。燃烧热测定仪如图 3−7 所示。

图 3−6　氧指数测定仪

图 3−7　燃烧热测定仪

3. 闪点测试仪

闭口闪点测试仪按 ISO−2719、GB261−83 方法规定的升温曲线加热，在样品温度接近于闪值时，微计算机控制气路系统自动打开气阀，自动点火。当出现闪火时仪器自动锁定，关闭气阀。显示并打印样品结果，开盖，同时自动对加热器进行冷却。具体实验装置如图 3−8 所示。

图 3−8　闪点测试仪

4. 吸氧量测定仪

在低温常压下，煤吸附氧属于单分子层物理吸附，按照 Langmuir 单分子层物理吸附方程，用双气路流动色谱测定煤吸附流态氧的特性，在限定的条件下测定的吸氧量，然后根据吸氧量的多少对煤的自燃倾向性进行分类。ZRJ-1 煤自燃性测定仪正是基于以上理论基础制成的。其外形如图 3-9 所示，部件示意图如图 3-10 所示。

图 3-9　吸氧量测定仪

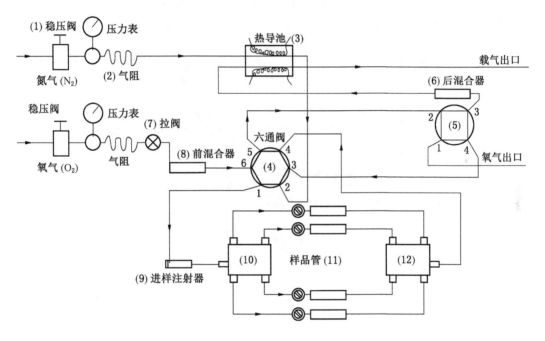

图 3-10　部件示意图

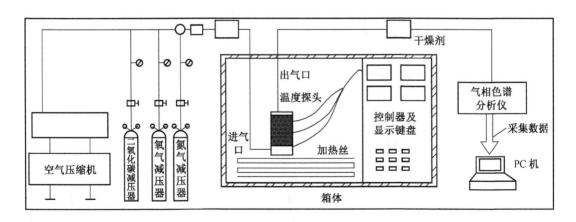

图 3-11　氧化炉部件图

图 3-12 煤升温氧化炉

5. 煤升温氧化炉

煤的升温氧化炉主要通过控制加热温度来模拟不同温度下煤自燃的整个过程，煤自燃在不同温度下，反应速率不同，可通过煤样的质量变化、耗氧速率和反应产生的指标性气体来确定煤自燃的氧化程度，整个过程的实验装置控制原理图如图 3-11 所示，装置图如图 3-12 所示，耗氧速率随温度的变化曲线如图 3-13 所示，反应产物浓度随温度的变化曲线如图 3-14 所示。目前，煤升温氧化炉是实验模拟煤自燃的主要装置。

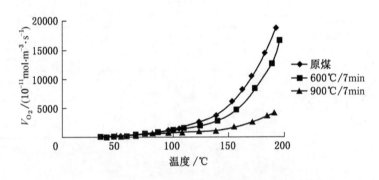

图 3-13 耗氧速率随温度的变化

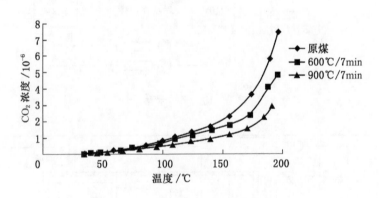

图 3-14 二氧化碳浓度随温度的变化

3.3 粉尘防治方面设备

3.3.1 矿尘的产生及分类

矿尘是指在矿山生产和建设过程中所产生的各种煤、岩微粒的总称。在矿山生产过程中，如钻眼作业、炸药爆破、掘进机及采煤机作业、顶板控制、矿物的装载及运输等各个环节都会产生大量的矿尘。在同一矿井里，产尘的多少也因地因时发生着变化。一般来说，在现有防尘技术措施的条件下，各生产环节产生的浮游矿尘比例大致为：采煤工作面产尘量占 45% ～ 80%；掘进工作面产尘量占 20% ～ 38%，锚喷作业点产尘量占 10% ～ 15%；运输通风巷道产尘量占 5% ～ 10%，其他作业点占 2% ～ 5%。各作业点随机械化程度的提高，矿尘的生成量也将增大，因此防尘工作也就更加重要。

1. 按矿尘粒径划分

（1）粗尘——>40 μm，空气中易沉降。

（2）细尘——10 ～ 40 μm，肉眼可见，在静止空气加速沉降。

（3）微尘——0.25 ～ 10 μm，光学显微镜可见，静止空气等速沉降。

（4）超微尘——< 0.25 μm，电子显微镜观察，扩散动力。

2. 按矿尘的存在状态划分

（1）浮游矿尘：悬浮于矿内空气中。

（2）沉积矿尘：从矿内空气沉降下来的矿尘。

3. 按矿尘的粒径组成范围划分

（1）全尘（总粉尘）：各种粒径的矿尘之和，1 mm 以下。

（2）呼吸性粉尘：5 μm 以下。

3.3.2 矿尘的危害

矿尘具有很大的危害性，表现在以下几个方面：

（1）污染工作场所，危害人体健康，引起职业病。

（2）某些矿尘（如煤尘、硫化尘）在一定条件下可以爆炸。

（3）加速机械磨损，缩短精密仪器使用寿命。

（4）降低工作场所能见度，增加工伤事故的发生。

此外，煤矿向大气排放的粉尘对矿区周围的生态环境也会产生很大影响，对生活环境、植物生长环境可能造成严重破坏。

3.3.3 粉尘参数测试等相关设备

1. 密闭实验粉尘仪——PM2.5 LD－5 激光粉尘仪

LD－5 激光粉尘仪具有 21 世纪国际先进水平的新型内置滤膜在线采样器，是一种微电脑激光粉尘仪，在连续监测粉尘浓度的同时，可收集到颗粒物，以便对其成分进行分析，并求出质量浓度转换系数 K 值。可直读粉尘质量浓度（mg/m），具有 PM10、PM5、PM2.5 及 TSP 切割器供选择。仪器采用了强力抽气泵，使其更适合需配备较长采样管的中央空调排气口 PM10 可吸入颗粒物浓度的检测（图 3－15）。

2. 微控全自动界面张力仪

专业用于测量液体表面张力值的专业测量/测定仪器，通过白金板法（分吊片法以及白金板法而不同）、白金环法、最大气泡法、悬滴法、滴体积法以及滴重法等原理，实现精确的液体表面张力值的测量。同时，利用软件技术，可能测得随时间变化而变化的表面张力值。具体实物如图 3－16 所示。

3. 微控接触角测定仪

触角是指在一固体水平平面上滴一液滴，固体表面上的固-液-气三相交界点处，其气-液界面和固-液界面两切线把液相夹在其中时所成的角。

图 3 – 15　PM2.5 LD – 5 激光粉尘仪　　　　图 3 – 16　微控全自动界面张力仪

　　接触角测量仪，主要用于测量液体对固体的接触角，即液体对固体的浸润性，该仪器能测量各种液体对各种材料的接触角。该仪器对石油、印染、医药、喷涂、选矿等行业的科研生产有非常重要的作用。微控接触角测定仪实物如图 3 – 17 所示。

图 3 – 17　微控接触角测定仪

3.4　其他相关设备

　　1. 自动工业分析仪

　　工业分析仪主要用于测定煤等有机物中的水分、灰分和挥发分的含量，其主要特点是整个测试过程由计算机控制自动完成，分析时间短，测试精度高。具体的实物装置如图 3 – 18 所示。自动工业分析仪的性能特点主要包括：

　　（1）高度自动化。放入样品后，只需点击鼠标即可自动完成测试并打印结果，操作简单。

　　（2）测试准确。经过对 20 多种标准煤样的测试，其结果均准确无误；与国标方法作对比试验，测试精度符合要求。

（3）测量效率高。

①快速法：19 个样的水分、灰分、挥发分≤180 min。

②经典法：19 个样的水分（干燥性检验）、灰分（慢灰＋干燥性检验）260 min。

（4）水分、灰分、挥发分 3 个指标可任意组合测定或单独测定。

（5）采用进口整体炉膛，升温速度快、节能、测试时间短。

（6）采用进口电子天平，进口步进电机，保证测试性能稳定。

2. 马弗炉

马弗炉是一种通用的加热设备，可用于煤质的分析，具体的实物装置如图 3 - 19 所示。在实际应用中，可用于测定水分、灰分、挥发分、灰熔点分析、灰成分分析、元素分析，也可以作为通用灰化炉使用。

图 3 - 18　自动工业分析仪

图 3 - 19　马弗炉实物装置图

3. 气相色谱仪

气相色谱仪是利用色谱柱先将混合物进行分离，然后利用检测器依次检测已分离出来的组分。色谱柱的直径为数毫米，其中填充有固体吸附剂或液体溶剂，所填充的吸附剂或溶剂称为固定相。与固定相相对应的还有一个流动相。流动相是一种与样品和固定相都不发生反应的气体，一般为氮或氢气。具体的实物装置如图 3 - 20 所示。气相色谱仪是以气体作为流动相（载气）。当样品由微量注射器"注射"

图 3 - 20　气相色谱仪

进入进样器后，被载气携带进入填充柱或毛细管色谱柱。由于样品中各组分在色谱柱中的流动相（气相）和固定相（液相或固相）间分配或吸附系数的差异，在载气的冲洗下，各组分在两相间做反复多次分配使各组分在柱中得到分离，然后用接在柱后的检测器根据组分的物理化学特性将各组分按顺序检测出来，具体的原理图如图 3 - 21 所示。整个检测系统布置图如图 3 - 22 所示。

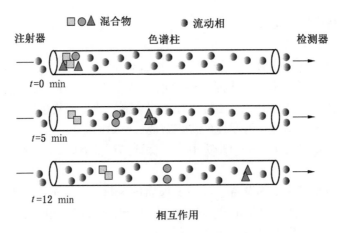

图 3-21　色谱仪基本原理

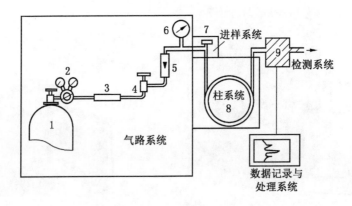

图 3-22　检测系统布置图

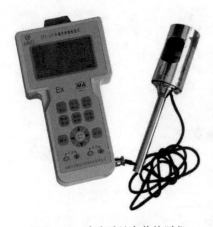

图 3-23　矿井通风参数检测仪

4. 矿井通风参数检测仪

矿井通风参数（阻力）检测仪是一种可以检测矿井通风是否符合国家安全标准的一种仪器。它可根据矿井通风系统图上标注的测试点，通过对井下绝对压力、差压、风速、温度、湿度等参数的测量，获得巷道内风压、风速数据并依据测量的大气压力、差压和温度、湿度等参数对风压、风速进行修正，为矿井提供风网压能图。从而为巷道均风、防火、灭火，科学管理矿井通风提供可靠数据。具体实物如图 3-23 所示。

5. AFJ-150 型 U 形倾斜压差计

基于流体静力学原理，利用液柱两端由于受压不同而在介质液面之间形成的高度差进行压力测量的测压仪器，其特点为玻璃测量管与水平面成一定倾斜角度，故能将较小的液柱高度差转换成按比例放大的玻璃测量管分度值

（图 3 - 24）。其换算公式如下：

$$H = LA$$
$$A = \rho \sin\alpha$$

式中　H——压差值，mmH_2O；

　　　L——测量管分度值，mm；

　　　ρ——工作介质密度（标称比重为 0.81 g/m^3）；

　　　α——倾斜角度，（°）；

　　　A——倾斜系数（本仪器有 0.1、0.2、0.5、0.7 四种）。

6. 通风干湿表

通风干湿表是一种携带方便，精度较高，适宜于野外勘测的良好仪器。整套仪器由一对感应部分为柱状的温度表、支架、三通管及通风管组成，并附有专用直流稳压电源、双控开关和电缆。其作用原理和百叶箱中的干湿球温度表基本相同，所不同的是它采用电动通风装置，使流经湿球球部的空气速度恒定为（2.5 m/s），以提高测定湿度的准确性（图 3 - 25）。

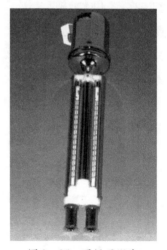

图 3 - 24　AFJ - 150 型 U 形倾斜压差计　　　　　图 3 - 25　通风干湿表

7. 煤矿用机械风速表

仪表主要由翼轮、涡轮、涡轮轴、计数器、指示针、回零闸压杆、离合闸、护壳、提环、底座等构成。翼轮是由八个叶片按照与旋转轴的垂直平面成一定角度安装组成，翼轮轴安装在两个三脚架中的刚玉轴眼中。翼轮的转动通过涡轮、涡轮轴将运动传给计数器，使指针转动指示出翼轮转动速度，翼轮转动速度与实际风速之间的关系记载于风表的曲线图标上。表头上部的两支杠杆，顶端为圆帽形的圆柱杠杆是回零闸压杆，将它轻轻压下能使长

图 3 - 26　煤矿用机械风速表

短指针立即恢复零位。另一支为离合闸，将它左右推动能使计数器与翼轴连接或分开（图 3 - 26）。

图 3 – 27　FLUKE 叶轮风速仪

8. FLUKE 叶轮风速仪

叶轮风速仪是一款用于测量空气流动速度的仪器。叶轮风速仪一般由叶轮和计数机构组成。叶轮风速仪根据其计数机构可分为两种：自记叶轮风速仪和不自记叶轮风速仪。一般叶轮风速仪测量范围为 0.5 ~ 10 m/s，具体的实物装置如图 3 – 27 所示。

9. 重力恒载蠕变渗流实验系统（CSCG – 160 型）

重力液压恒载蓄能装置包括固定活塞、活动缸体，活动缸体外部设有载物平台，可以通过在载物平台上设置不同重量的重物，通过输液孔向液压加载系统提供不同大小的恒定载荷，并通过输液孔及管路对试样进行加载。通过手摇泵平衡重物产生的压力和向系统补液，提供恒定的静压压力，还可以将重力液压恒载蓄能装置提供的恒定压力转变成不同的压力，以适应蠕变试验中轴压、侧压以及渗流试验中的给定压的差异。进而减少蠕变实验动力消耗引起的实验费用。具体的实验装置系统图、实物图如图 3 – 28、图 3 – 29 所示。

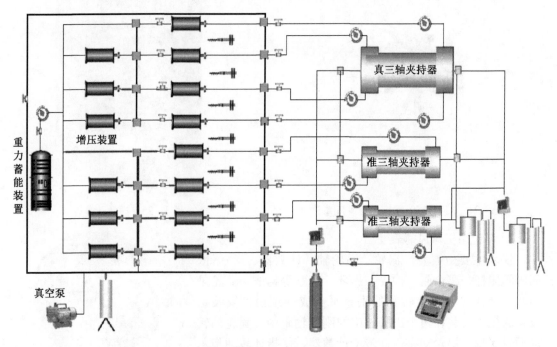

图 3 – 28　重力恒载蠕变渗流实验系统图（CSCG – 160 型）

10. 恒载瓦斯吸附解吸实验系统

该系统主要包括重力恒气压装置、真空泵、高压瓦斯气瓶、恒压瓦斯罐、样品罐、重力恒液压装置和手摇泵。能够保证煤试样在恒定的压力下进行以下瓦斯吸附和解吸试验。具体通过该系统可研究：①在恒定载荷作用下，由于煤岩破坏而引起的吸附特性变化，研究吸附常数、吸附量等随载荷变化规律；②不同承载状况下的含瓦斯煤岩的瓦斯解吸过程；③不同粒度的煤岩在恒定瓦斯压力环境中的吸附过程及吸附常数；④不同粒度的含瓦斯煤岩在不同的大气压力环境中瓦斯解吸过程和规律；⑤含瓦斯煤岩在瓦斯吸附和解析过程中的蠕变力学性质。具体的过程和实验装置如图3-30、图3-31所示。

图3-29 重力恒载蠕变渗流实验系统实物图

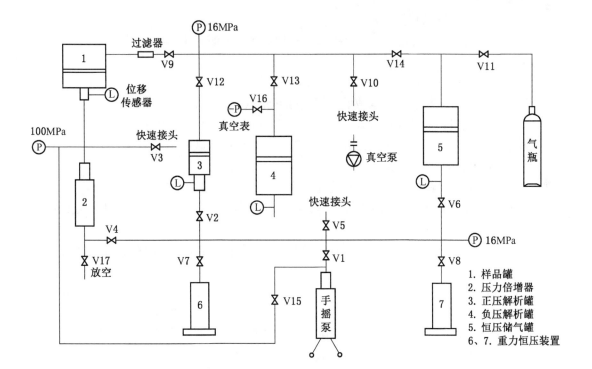

图3-30 恒载瓦斯吸附解吸实验系统示意图

1. 样品罐
2. 压力倍增器
3. 正压解析罐
4. 负压解析罐
5. 恒压储气罐
6、7. 重力恒压装置

图3-31 恒载瓦斯吸附解吸实验系统实物图

4　文献检索及管理软件

4.1　科技文献检索方法

4.1.1　文献检索工具

1. 概述

1）文献检索工具的概念

概念：文献检索工具是人们用以报道、存储和查找文献的工具。

构成要素：

（1）文献：构成检索工具的基础（主体）。

（2）检索语言：检索工具构成的手段（组织形式）。

（3）文献条目：文献存在方式。

名称、作者、时间、机构、文献出处、简介等，前两者缺一不可。

2）文献检索工具的形成

文献的加工过程就是文献的存储过程（一次、二次、三次）。

文献的浓缩是指对一次文献进行主题分析，在把握其主题的基础上，遵循一定的标准或规则，形成文献条目的过程。

文献的条目是指描述文献外表特征（文献名、著者、出处）和内在特征（主题词或关键词、分类号文摘）的记录单元。

文献的标引是将一次文献中有检索意义的特征，通过分类法或主题词表从自然语言转换成规范语言（即检索语言）并记录下来，作为存贮和检索标识的文献处理过程。

被标引的文献特征叫检索标识。文献的标引过程实际上就是检索标识形成过程。根据其性质，分自然标识（文献名、作者、文献出处等）和人为标识（分类号、主题词等）。

条目组织：将上述两部分（浓缩、标引）操作形成的文献条目和检索标识，按一定的学科范围或主题范围及一定的规则组织在一起，就形成了检索工具。由此可见，检索工具是附有检索标识的某一范围文献条目的集合，属于二次文献。

3）文献检索工具的职能

（1）存储职能。文献检索工具起管理文献的作用。将文献按一定规则存储起来，形成有序文献集合体。

（2）检索职能。检索职能是最基本的职能。编制检索工具最显著的目的是向使用者提供一定的检索方法和途径，便于人们检索各自所需要的文献。

（3）报道和浏览职能。简洁的文字报道大量的文献，揭示文献的外表特征和内容特征。可了解某学科的历史、现状及未来发展趋势。

4）文献检索工具的质量评价

文献检索工具的质量评价包括 4 个方面，12 个指标。

（1）全。全是指检索工具存储文献的存储面如何。包括：覆盖面（出版物类型和数量）、摘储率（摘引率，一种出版物中摘引其相关文献的比例数）、报道量。

（2）好。好是指浓缩质量好和标引质量好。

（3）快。快是指文献报道速度快。

（4）便。便是指能提供多种检索手段、多种检索途径。

2. 检索工具的结构和类型

1）检索工具的结构

（1）说明部分。此部分放在前面，作为必要指导，包括目的、范围、年限、检索方法、注意事项等内容。

（2）著录部分。此部分是主体，由若干著录款目组成，最基本款目包括文献名、著者等。

（3）索引部分。索引可提高检索效率，如主题索引、分类索引、著者索引等。

（4）附录部分。附录是补充部分，也是检索工具的重要组成部分，包括摘用刊物种类，各种缩写、文字转译、术语等。

2）检索工具的类型

（1）按加工文献和处理信息的手段划分：

①手工检索工具（如卡片目录）。

②机械检索工具（机械装置）。

③计算机检索系统。

（2）按收录文献的范围划分：

①按收录文献的内容范围划分：综合性检索工具（如法国的文摘通报）、专业性检索工具（如环境科学文摘）。

②按收录文献的类型范围划分：全面性检索工具和单一性检索工具（如中国专利索引）。

目前，大多数高校科研管理部门将下列四种数据库作为文献评价的权威检索工具：SCI（科学引文索引）、ISTP（科学技术会议录索引）、EI（工程索引）和 CSCD（中国科学引文数据库）。

《科学引文索引》（Science Citation Index，SCI）是由美国科学信息研究所（ISI）1961年创办出版的引文数据库。

版本（及区别名称）　出版周期　收录期刊数

印刷版（SCI）　双月刊　3500 种

联机版（SciSearch）　周更新　5600 种

光盘版（带文摘）（SCICDE）　月更新　3500 种（同印刷版）

网络版（SCIExpanded）　周更新　5600 种（同联机版）

《工程索引》（Engineering Index，EI），1884 年创刊，由美国工程信息公司出版，报道工程技术各学科的期刊、会议论文、科技报告等文献。

版本（及区别名称）　出版周期　收录文献源

光盘版（EI Compendex） 双月刊 2600 种

网络版（EI Compendex Web） 季度更新 5600 种

光盘版（带文摘）（SCICDE） 周更新 5000 种

其中网络版（EI compendex Web）包括光盘版（EI compendex）和 EI pageone 两部分。

《科技会议录索引》（Index to Scientific & Technical Proceedings，ISTP），也是由 ISI 出版，1978 年创刊，报道世界上每年召开的科技会议的会议论文。

版本（及区别名称） 出版周期 收录文献源

印刷版（ISTP） 月刊 每年报道 4700 多种会议录

光盘版（ISTP） 季度更新 每年报道 10000 多种会议录

网络版（WOSP—S/T） 周更新 同光盘版

评价期刊最常用的检索工具是：美国《期刊引文报告 JCR》《中国科技论文统计源期刊目录》《中文核心期刊要目总览》。

还有一些重要的检索工具也可作为文献评价的数据源：

国外文献检索工具——美国《科学评论索引 ISR》、美国《社会科学引文索引 SSCI》、美国《艺术与人文科学引文索引 A&HCI》、美国《医学索引（Index Medicus/MED-LINE)》、美国《化学文摘（CA）》、英国《科学文摘（SA）》、日本《科学技术文献速报（CBST)》、俄罗斯《文摘杂志（AJ）》、德国《数学文摘（Zbl Math）》、美国《数学评论（MA）》、法国《文摘通报（BS）》、美国《生物学文摘（BA）》等。

国内文献检索工具——《中国科学引文数据库 CSCI 或 CSCD》《中文社会科学引文索引 CSSCI》《中国人民大学书报资料中心复印报刊资料索引》。

（3）按出版周期划分：

①期刊式检索工具（不定期连续出版）。

②累积式（是前一种的补充）。

③图书式（专题性出版物）。

④附录式（附属于一次文献的，不独立出版的文献条目或索引）。

（4）按编著方式划分（一般划分方法）：

①目录型。

②题录型。

③文摘型。

④索引型。

3. 几种常用的文献检索工具

1）目录型检索工具

（1）目录的含义：对图书、期刊（单位出版物）外表特征的揭示和报道。

（2）目录的类型：

①按文献的类型划分：图书目录、期刊目录、资料目录等。

②按其作用划分：发行目录、藏书目录。

③按检索途径划分：书名目录、著者目录、分类目录、主题目录。

④按其物质形态划分：卡片式、书本式、机读型。

2）题录型检索工具

（1）题录的含义。题录是描述文献外表特征的文献条目。题录的著录对象可以是整本文献，也可以是单篇文献，前者也称之为目录。

（2）题录的特点：全、快。

（3）题录的作用：①报道和存储；②检索（信息量小，检索功能不强）；③社会服务（如帮助确定专业核心期刊）；④管理（管理图书资料的重要手段）。

3）文摘型检索工具

（1）文摘的定义。文献是以提供文章内容梗概为目的，不加评论和补充解释，简明确切地记述文献重要内容的短文。忠实于原文，包括文献的外部特征和内容特征。

（2）文献的类型。按文献的目的、用途和详简程度分为 6 种，报道性文摘、指示性文摘、报道－指示性文摘、评论性文摘、模块式文摘、专用文摘。文摘型检索工具以前 3 种为主。

①报道性文摘（Informative Abstracts）。指明被摘出版物或被摘文献的主要论点，主要数据的摘要。以精练的语言概括出原文所包含的主要内容和关键，是原文的浓缩，字数一般为 200～700 字。

②指示性文摘（Indicative Abstracts）。指明一次文献的论题，及取得成果的性质和水平的摘要。目的是使读者对文献的主要内容有一个轮廓性的了解，100 字左右。

③报道－指示性文摘。报道－指示性文摘是将原始文献中信息价值高的部分写成报道性文摘，其余部分写成指示性文摘，起到检索、报道作用。

（3）特点和作用。主要描述文献的内容特征，在揭示文献的深度和检索功能方面优于题录型。文摘有时可替代原文，或原文找不到。帮助读者克服语言上的障碍。便于手工检索也便于计算机检索。是撰写评述文献（三次文献）的工具。

（4）著录格式。题录部分、文摘正文、署名部分。

4）索引型检索工具

索引是将图书/期刊等文献中的一些重要的、有检索价值的知识单元，如分类号、主题词、著者等根据需要一一分析摘录出来，并注明它们所在文献的页码和文献号，再按一定的顺序编排组织起来，构成检索的种种途径。这种检索工具称之为索引。

（1）索引的类型。

①按文献类型分：期刊索引、图书索引、专利索引、标准索引等。

②按标引语言分：分类号、主题词、篇名、著者、号码、分子式等索引。

③按索引方式分：手工编排索引、计算机编排索引。

（2）索引的作用。

①为查找特定的文献或事实提供多种检索途径。

②揭示事物之间的联系。

③揭示出容易被人们忽视的内容。

④为读者了解某一学科或领域的全面文献信息提供了途径。

（3）常用的索引型检索工具。

①主题词索引型检索工具（主题索引）。

②分类索引型检索工具。

③著者索引型检索工具。

④号码索引型检索工具（一般检索中少见，科技报告、专利文献、标准文献检索中较多。）

4. 数据库类型

1）文献数据库（出现最早）

（1）特征：

①只存储有关主题领域各类文献资料的书目信息。

②来源于期刊论文等各种不同的一次文献，是经过加工、压缩的派生性数据。

③通常都是文摘索引期刊和图书目录实现计算机化的产物，故每个数据库一般都有相应的书本式检索工具或卡片式目录。

④结构比较简单、记录格式较为固定，生产费用相对较低，使用范围一般是开放的。

（2）种类：

①文摘索引数据库：简要地报道有关领域某一时期发表的文章，供人们查阅与检索。

②全文数据库：存储文献全文或其中主要部分的源数据库。优点较多：直接、详尽、快速等。

③图书馆目录数据库：又称机读目录，主要报道和存储特定图书馆实际收藏的各种文献资料的书目信息和存储地址。

2）非文献型数据库

（1）数值数据库：是以自然数值形式表示，计算机可读的数据集合。

（2）指南数据库：存储有关某些客体（如机构、人物等）的一般指示性描述的一类参考数据库。

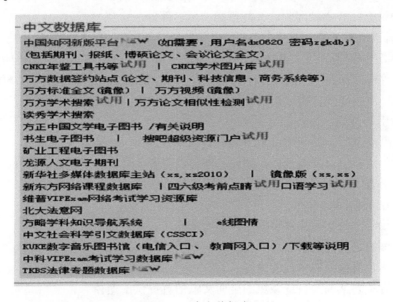

图4-1　中文数据库

（3）术语数据库。

（4）图像数据库。

3）常用科技文献数据库

①中文数据库：中国期刊网、万方（图4-1）。

②英文数据库：中国期刊网、万方（图4-2）。

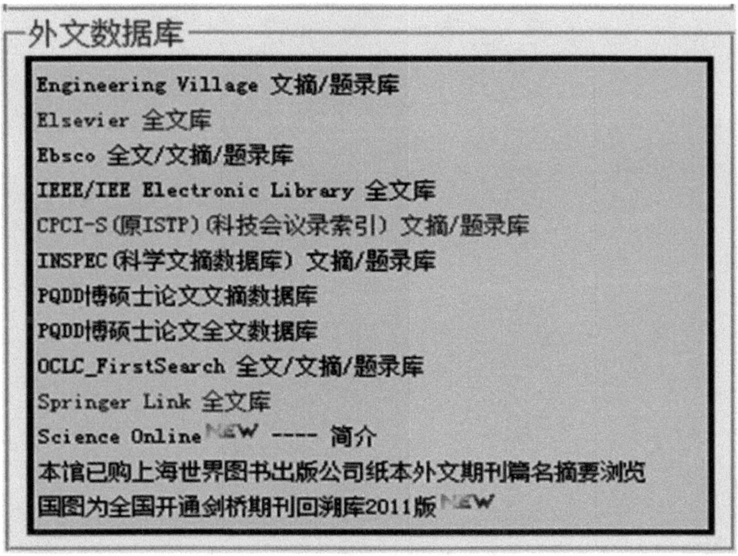

图4-2　外文数据库

4.2　常用检索引擎

搜索引擎，就是根据用户需求与一定算法，运用特定策略从互联网检索出制定信息反馈给用户的一门检索技术。搜索引擎依托于多种技术，如网络爬虫技术、检索排序技术、网页处理技术、大数据处理技术、自然语言处理技术等，为信息检索用户提供快速、高相关性的信息服务。搜索引擎在做学术过程中，也可作为常用的检索引擎，即输入关键检索词，在网络上寻找相关的内容。搜索引擎是目前查找资料，开展学术研究的主要知识来源，目前常用的检索引擎主要包括：百度（http：//www. baidu. com）、雅虎（http：//cn. yahoo. com）、中搜（http：//www. zhongsou. com）、谷歌（google：http：//www. google. com）等，具体如图4-3~图4-9所示。以下我们以百度和谷歌作为具体实例，检索过程如下。

1. 百度

百度是全球最大的中文检索引擎，中国最大的以信息和知识为核心的互联网综合服务公司，全球领先的人工智能平台型公司。在学术研究的初期，是很多学者常用的一种检索引擎。通过初步检索，研究人员可检索到大量与研究内容相关的知识。

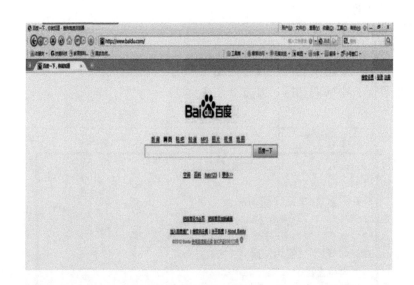

图4-3 百度搜索引擎

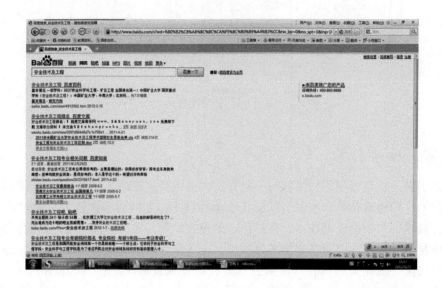

图4-4 搜索事例

2. google（谷歌）

谷歌成立于1998年9月4日，被公认为全球最大的搜索引擎公司，谷歌是一家位于美国的跨国科技企业，业务包括互联网搜索、云计算、广告技术等，同时开发并提供大量基于互联网的产品与服务。在检索过程中，可根据关键词进行初步搜索，搜索内容可为学者研究提供关键支持。

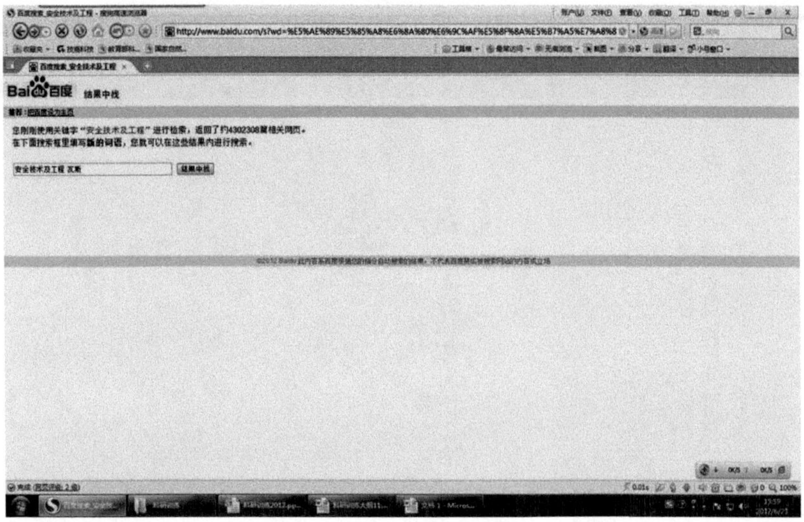

图4-5 结果中检索

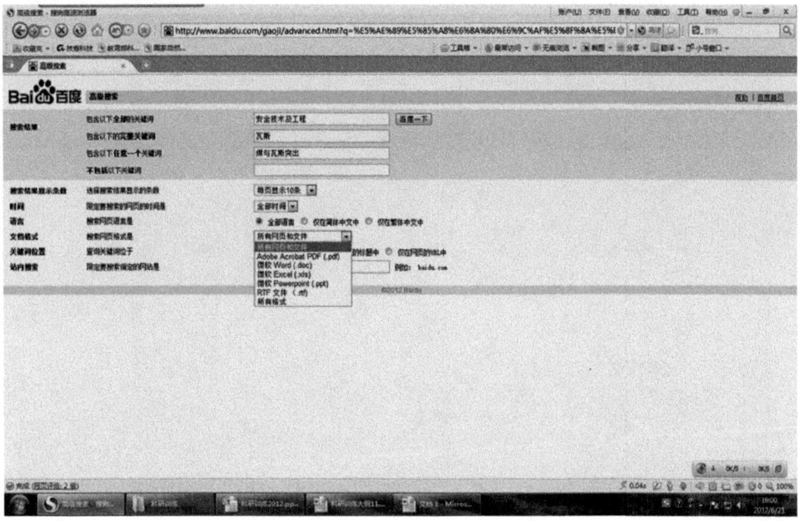

图4-6 高级检索

4.3 常用文献检索管理软件

文献检索管理软件是学者或者作者用于记录、组织、调阅引用文献的计算机程序。一旦引用文献被记录，就可以重复多次地生成文献引用目录。例如，在书籍、文章或者论文当中的参考文献目录。科技文献的快速增长使得研究人员需要花费很长时间去寻找之前看过或者记录过的文献，这给学者和研究人员带来了巨大的麻烦。为了解决这一问题，文献检索管理软件应运而生。目前，常用的几类文献检索软件如下：

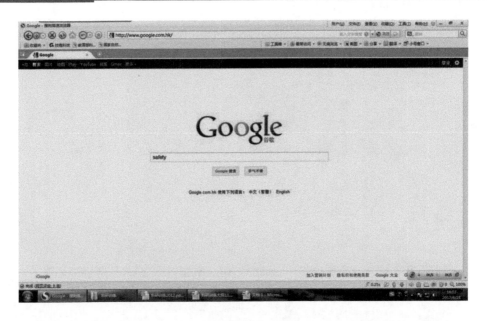

图4-7　谷歌搜索引擎

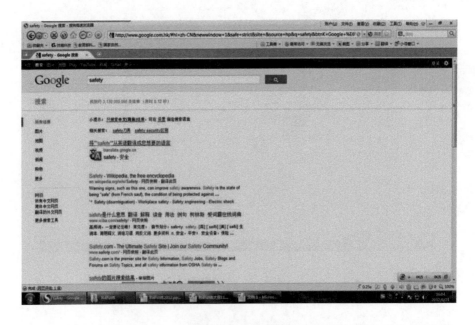

图4-8　搜索事例

（1）Endnote：由 Thomson Corporation 下属的 Thomson ResearchSoft 开发，是 SCI（Thomson Scientific 公司）的官方软件。支持国际期刊的参考文献格式有 3776 种，写作模板几百种，涵盖各个领域的杂志，且能直接连接上千个数据库，并提供通用的检索方式，大大提高了科技文献的检索效率。

（2）NoteExpress：是北京爱琴海软件公司开发的一款专业级别的文献检索与管理系统，

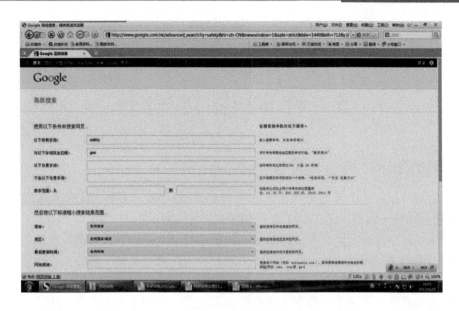

图 4-9 高级搜索

其具备文献信息检索与下载功能,可以用来管理参考文献的题录,以附件方式管理参考文献全文或者任何格式的文件、文档。数据挖掘的功能可以帮助用户快速了解某研究方向的最新进展、各方观点等。除了管理以上显性的知识外,类似日记、科研心得、论文草稿等瞬间产生的隐性知识也可以通过 NoteExpress 的笔记功能记录,并且可以与参考文献的题录联系起来。在编辑器(比如 MS Word)中 NoteExpress 可以按照各种期刊杂志的要求自动完成参考文献引用的格式化——完美的格式,精准地引用将大大增加论文被采用的概率。与笔记以及附件功能的结合、全文检索、数据挖掘等,使该软件可以作为强大的个人知识管理系统。

(3)CNKI E - Study:是由中国知网开发的一款强大的数字化学习与研究平台,集文献检索、下载、管理、笔记、写作、投稿于一体,为学习和研究提供全过程支持。支持 CNKI 学术总库、CNKI Scholar、CrossRef、IEEE、Pubmed、ScienceDirect、Springer 等中外文数据库检索,将检索到的文献信息直接导入专题中;根据用户设置的账号信息,自动下载全文,不需要登录相应的数据库系统。

(4)RefWorks:它是一个基于网络的研究文献管理软件包,可以帮助管理学者的研究工作,在撰写论文时自动加入引文,创建多种格式的书目,从多种数据源导入参考文献,创建不同文档格式的书目(Word、RTF、HTML 等)。基于网络的设计意味着不需要下载软件或进行软件升级,使用者可以从任何一台接入互联网的计算机访问其个人账户,RefWorks 使在论文中建立参考文献的过程大大简化。

文献检索软件常用的功能主要包括:建立文献目录、搜索、排序、连接文件、查找相同、交叉引用、同步与云存储等功能。

5 科研论文写作

5.1 如何进行科研论文撰写

论文的撰写过程是有着固定的格式和写作思路的，这一过程也被称为科技写作"八股"：标题—摘要—引言—正文—结论—致谢—文献—附录。

在具体写作中，标题是文章中最核心、最概括的一句话，通常直截了当地告诉读者作者的研究对象和关键研究方法。在摘要中，需要写清作者主要做了哪些工作以及得出的基本结论。在引言中，作者需要交代论文的研究背景，总结国内外研究现状，突出说明作者研究工作的必要性。正文中，作者主要介绍研究过程，并重点分析研究的相关参数变化。对于结论，作者应该写清论文最终得出的相关要点。致谢需要写清对论文有贡献但又没有列入作者名单中的人或者资助的组织。文献主要指作者在写作过程中主要参考的文章。附录是对文章某部分研究点的进一步论述。

5.1.1 撰写科技论文的目的

撰写科技论文是为了总结调查的结果、研究的结果、实验的结果，介绍新的实验（或试验）方法、新材料、新工艺，提出科学的观点、理论并证明，汇总一段时间内世界范围或某一大区域或一个国家，或某一研究领域的研究情况、取得的成就和发展趋势（即文献综述、发展趋势）。

科技论文与发明创造的技术成果有很大的不同，科学论文无功利目的、无经济效益，向人们揭示的是客观的规律、自然的现象。发明创造成果则有实用价值，可以申报专利，而且其初始目的就有经济的利益在内。

5.1.2 科技论文的内涵

科技论文主要讨论自然科学领域里的各种问题和人们的新理论、新发现，基本上不涉及完全属于社会科学和人文科学的内容。

但自然科学和社会科学交叉与渗透的新的分支学科和新兴学科（如环境科学、经济生态学、自然科学中的经济活动影响等），其论文归属自然科学范畴。

5.1.3 撰写科技论文的基础

科技论文既然是科技领域中各种研究、调查、实验（试验）结果的文字总结，因而撰写科技论文之前必须进行各种实实在在的调查、研究和实验工作，这些就是撰写论文的基础。

科学实验、调查研究都是踏踏实实的工作，不能有丝毫的虚假，必须认真、细致地进行，由此才能获得真实的、符合自身规律的结果，才有价值而为人们认可、采用。

5.1.4 怎样撰写科技论文

1. 科技论文的写作要求

（1）科学性：真实性，准确性，可重复性，逻辑性。

（2）创新性：科学研究是对未知领域的探索过程。因此，任何重复别人研究或模拟别人研究的工作在科学研究中都是没有价值的，论文一定要有自己的研究、自己的观点。

（3）实用性：对于技术性研究注重的是实用，要有实用价值或潜在的实用价值，而基础性研究不注重实用，注重新的观点和新的理论。

（4）可读性：论文写作文字应以标准简化汉字为准，标点符号要正确，序号应一致，术语、公式、计量单位等都应规范，不使用非规范用语。计量单位用 GB – 3100 – 3102—93《量和单位》；缩略语首次出现用全称。

2. 科技论文的结构

科技论文的结构一般包括论文题目、作者及单位、摘要（abstract）、关键词（key words）、正文（①引言、②材料与方法、③结果、④讨论、⑤结论）、致谢、参考文献等部分。

1）题目

科技论文的题目是所做工作的最直接表达，即告诉读者，作者做了什么事。故题目应直入主题，要确切、恰当、简明。用词应简练、醒目、切题，忌空、长，不宜文学化、广告式或诗句用语等。在表达特定的方法、材料、目的时或主题尚不能概括主要内容时，可以用副题（一般情况不用副题）。

（1）总的要求如下：

①中文标题不宜超过 20 字，英文不宜超过 10 个单词。

②题目是个短语不是句子，尽量不用标点符号。

③不用自己发明的短语或符号。

④不用学科名称作题目。

⑤有助于检索。

（2）题名是论文内容的高度概括，是论文精髓的集中体现，其特点如下：

①直接明了：标题应该揭示论文的基本论点或研究范围，不要拐弯抹角，也不适宜用比喻、象征手法。

②突出鲜明，引人注目：应具有很强的吸引力，激发读者的阅读兴趣，不可模棱两可或拖泥带水。标题不用体现论文的所有内容，这样太冗长。

③简练：不宜过长而给人以累赘之感觉。事实上，让读者经久不忘的标题大多是简短有力的，如《矛盾论》等。标题字数最好控制在 12 个字以内，一般不超过 20 字，必要时可加副题名。

（3）在题目的确定过程中，经常出现如下的错误：

①文字过多：有很多学者在题目确定过程中，为了增加题目的复杂性，人为增加了很多背景文字、限制词等，使得题目过长。目前，很多期刊都对题目中的问题做了字数限制。

②题目笼统：很多情况下，读者阅读题目后，并不能确定作者究竟计划研究什么内容，并没有明确的指向性。例如：论大学生就业、数字化校园、WEB 测试等。学术论文题名切忌空泛、笼统，要采用正面、直接解释论文内容的方法。

③口语化严重：很多人在撰写题目的过程中，过于随意，缺少对科学问题的凝练。例如：搞好读者工作的一些做法、倾倒在青春之海——我看"80后"写作、如何成为学生喜爱的班主任等。不要变成一般的新闻标题，题名用词要有学术性和专业性，不能太随便。

2）作者及单位

作者姓名在文题下按序排列，作者单位名称及邮政编码则写在作者姓名的下一行。作者署名顺序应主要按照各位作者（或单位）在研究中所发挥的作用、所做出的贡献以及所承担的责任由大到小依次排列，而不应论资排队。对于来自不同单位的多位研究者，可在其姓名右上角以阿拉伯数字标注，单位名称应按作者顺序统一进行标注。

3）摘要

摘要是一篇论文的浓缩，也可以说是论文的简要介绍。摘要应包括实验的主旨、缘由、目的、范围、时期、主要内容、取得的结果、结论、价值及意义。摘要是一篇完整的短文，能够独立使用（可以编为论文摘要集，一般在600~1500字），它能使读者完整地了解原论文的概貌。因此摘要必须能完整、准确、简练地代表原文（但不能代替原论文），要求言简意赅。

摘要的注意事项：

（1）包含论文主要信息但不能太长。

（2）使用第三人称。

（3）不加注释和评论、不举例子、不用引文。

（4）不宜与别人研究相比较。

（5）不用图表、公式等。

（6）第一句话尽量少用"本文……""作者……"

4）关键词（key words）

关键词是适应计算机管理而产生的，是论文题目中最关键的3~5个词。

例如："石林地区蝴蝶种类调查及区系组成研究"，其关键词为：石林 蝴蝶 种类 区系 调查；"交通噪声对人的危害实验及防治方法的探讨"关键词为：交通 噪声 危害 防治。

5）引言

引言是写在论文正文前面的一段短文，内容包括：撰写论文的背景：该项研究的由来及意义；简短的文献回顾：指出哪些问题已经解决，哪些问题还没有解决，但是作者有不同的看法，哪些问题不同作者得出了不同的结论，哪些问题还在争论等；阐述研究的目的与重要性；提出解决问题的设想和方法、研究范围、理论依据、方案选取、技术设计等；研究地点、协作单位、研究时间过程等。

引言书写注意以下几点：

（1）引言是读者注意力的焦点。读者往往以此衡量作者水平。内容取材文字表达都要非常精心。

（2）不重复人所共知的或显而易见的专业常识。

（3）不要在引言中解释论述基本理论、介绍实验方法和推导公式等。

（4）引言不能与摘要重复，或者解释摘要。

（5）不要夸大论文的意义，不能使用"达到国际先进水平国内先进水平""未见报道""前人未研究过""填补××空白"等词语。

写引言注意不要烦琐、不赘述人所共知的常识或显而易见的效用及意义。沿用已知的方法、理论、原理等也只要提及即可。而自己创新、改进的方法、设备、仪器、用具等应加以说明，但不需赘述，因为在正文中的方法、设备、仪器部分还要详细介绍。对前人的有关工作和成就一般不予评论（仅做介绍，以说明本人的实验、研究与前人工作的关联情况），对自己的工作在一般情况下不做定论性评价如"前所未有""开创了一个新时代""创造性的贡献"等。也不要说"才疏学浅、水平有限、不吝指教"等客套话。引言一般200～300字，约占正文的1/10～1/8。

6）正文

正文的内容有以下几个方面：

（1）实验所有的材料、原料、样品、添加剂、试剂等，逐次予以说明（不是特殊的材料等则无须详细说明）。

（2）实验经过：主要设备及操作过程（使用独特的设备及操作细节要予以说明；一般的设备只列出设备名称即可）；自己设计、创新、改进的仪器设备必须详细地叙述（专利产品请注意勿泄密）；观察的方法或实验操作过程；实验的条件。注意：在介绍实验经过时，不要写实验结果。

（3）实验结果及分析。无论是实验、调查还是考察、研究等的结果及分析就是论文的主体，应分段表述，用图、表和文字一一加以说明，也可辅以照片。在表达实验结果时请注意：

①本实验的所有主要目的是否都已列出。

②在表明所论及的论点时，所取用的数据是否最能说明这个论点。

③列表说明问题时，应特别认真地设计表格，表格内容的设置一是要十分明确地表达所列数字之间的关系；二是要使读者清楚你所要表述的关系；三是在表格所表达的关系已经比较清晰时仍然需要用一段十分简练的文字来说明表格所要表述的关系；四是表格最好与正文同行排版。

④图、表、照片都是重要的论据，在收入正文时应认真筛选，都必须是最能准确表达实验结果的，照片的选择尤为重要，照得不清楚的、不突出主题的不要列出。

⑤所有实验数据都应进行整理。要对出现的误差予以说明，进行分析讨论。但所有原始记录都不能在事后进行任何修改、整理、誊录，即必须保持当时记录的原样！

⑥表和图都能很直观地说明问题，一般在表述一个问题时或用图、或用表，作图也要科学，能说明问题，制作精细、简洁明晰。图、表、照片都应编序号，如图1、图2，表1、表2，照片1、照片2等。图和表都应有名称，照片要有简短说明，如：表1菜白蝶幼虫生长与温度关系。

⑦论文允许引用他人结论、图、表、照片，但必须注明出处。

⑧计量单位、符号要规范，要严格按照 GB-3100-3102—93《量和单位》书写。缩略语首次出现要用全称。

（4）讨论。主要包括：

①对本次实验结果做出理论解释和分析。

②将本次结果与自己过去的研究结果（在不同时间、地点、相同或不相同的研究对象中的研究结果），与国内外其他作者的实验结果相比较，分析其异同，解释产生差别的可能原因，并且根据以往的文献提出自己的见解，实事求是、有根据地与其他作者商量。

③突出本项研究中的新发现、新发明，提出可能的原因。

④分析实验中的缺点、错误和教训，为后来者提供借鉴。

⑤类似工作在国内外研究进展情况，本研究在类似研究中处于什么地位。

⑥存在哪些尚未解决的问题，提出今后研究的方向。

（5）结论。结论是整篇论文的归结部分。结论的文字是经过对实验所得数据、结果、现象、问题进行综合整理分析后，形成的观点和论点。因此措辞应严谨，有严密的逻辑性，文字须具体，不能模棱两可，含混不清。结论不允许用"可能、也许、大概、或许、估计"等字眼。一句话只明确地归纳一个认识，或一个概念，或一条规律，或一个结论，而且只有一个解释。

结论来自实验、调查、考察、研究得到的资料、材料、数据、实物等客观存在，因而在写结论时要认真思考、慎重下笔、实事求是，不能主观臆断、凭空而来；没有数据、事实就不能乱下结论，乱提观点。

结论部分可以提出作者的建议、设想及其他问题。

7）致谢

对论文作者在进行实验和写作过程中给予具体帮助的人表示感谢。如指导、审阅修改文稿、提供某些资料、材料、标本、图片、帮助完成某些内容、实验装置、协助给图、拍照、摄像等等一一表示谢忱。

8）参考文献

参考文献（即引文出处）采用顺序编码制，在引文处按论文中引用文献出现的先后以阿拉伯数字连续编码，序号置于方括号内。一种文献在同一文中被反复引用者，用同一序号标示，需表明引文出处的，可在序号后加圆括号注明页码或章、节、篇名。参考文献类型以单字母文式标识：M—专著，C—论文集，N—报纸文章，J—期刊文章，D—学位论文，R—研究报告，S—标准，P—专刊；对于不属于上述的文献类型，采用字母"Z"标识。参考文献一律置于文末。

参考文献要求引用作者亲自阅读过的、最主要的文献，包括公开发表的出版物、专利及其他有关档案资料，内部讲义及未发表的著作不宜作为参考文献著录。

（1）参考文献标注。参考文献是为撰写论文而引用的有关文献的信息资源。参考文献采用实引方式，即在文中用上角标（序号[1]、[2]…）标注，并与文末参考文献表列示的参考文献的序号及出处等信息形成一一对应的关系。所以，要遵循一定的原则：

①论文所列参考文献一般不超过 10 条，综述不超过 30 条。

②著录时按文中引用文献出现的先后顺序用阿拉伯数字连续编号，直接引用作者全文的，文献序号置于作者姓氏右上角方括号内。

③文献序号作正文叙述的直接补语时，应与正文同号的数字并排，不用上角码标注。

如：实验方法见文献［2］或据文献［2］报道。

④同一文献被多次引用时的著录问题及处理。国家标准 GB/T7714—2005（代替 GB/T7714—1987）规定，同一文献在文中被引用多次，只编 1 个首次引用的序号（正文中引文页码或起止页码放在"［］"外，与"［］"同为上标）。

示例："张某某［4］15 - 17……""张某某［4］55……""张某某［4］70 - 75……"，文后的参考文献表中不再重复著录页码。

⑤同一处引用多篇文章时的标注问题及处理。同一处引用多篇文献时，只需将各篇文献的序号在方括号内全部列出，各序号间用"，"。如遇连续序号，可"—"标注起止序号。

示例：引用多篇文献裴伟［570，583］提出……莫拉德对稳定区的节理模式的研究［255—256］。还有一种类似此种情况的，文中同时列出多个作者，作者之间用顿号隔开，对其标注时，就在其列出的每个作者上方用标号注明，如张三[1]、李四[2]、王五[3]，标号要尽可能地靠近引文处。

示例：此外，各类反思文章也比较多，其中比较在代表性的有刘洪波[2]、黄宗忠[3]、裴成发[4]、邱五芳[5]等人的文章。

（2）参考文献著录项目与著录格式。

①专著（普通图书、古籍、学位论文、技术报告、会议文集、汇编、多卷书、丛书等）。

序号　主要责任者．文献题名：其他题名信息［文献类型标志］．其他责任者（任选）．版本项（任选）．出版地：出版者，出版年：引文页码．获取和访问路径．

例如：

［1］余敏．出版集团研究［M］．北京：中国书籍出版社，2000：179 - 193.

［2］昂温 G，昂温 PS．外国出版史［M］．陈生铮，译．北京：中国书籍出版社，1980.

［3］PIGGOT T M．The cataloguer's way throng AACR2：from document receipt to document retrieval［M］．London：The Library Association，1990.

［4］中国力学学会．第 3 届全国实验流体力学学术会议论文集［C］．天津：［出版者不详］，1990.

［5］World Health Organization．Factors regulating the immune response：report of WHO Scientific Group［R］．Geneva：WHO，1970.

［6］张志祥．间断动力系统的随机扰动及其在守恒律方程中的应用［D］．北京：北京大学数学学院，1998.

［7］王夫之．宋论［M］．刻本．金陵：曾氏，1845（清同治四年）．

②连续出版物（期刊、报纸）。

序号　主要责任者．题名：其他题名信息［文献类型标志］．年，卷（期）报纸题名，出版日期（版次）．

例如：

［1］丁文祥．数字革命与竞争国际化［N］．中国青年报，2000 - 11 - 20（15）．

［2］陈驰．论人权的宪法保障［J］．四川师范大学学报（社会科学版），2000，27（1）：1－9.

③标准。

序号 主要责任者（任选）．标准编号，标准名称［文献类型标志］．出版地（任选）：出版者（任选），出版年（任选）．

例如：

［1］中华人民共和国卫生部．食品中还原型抗坏血酸的测定（GB/T 5009—2003）［S］．北京：中国标准出版社，2004.

④析出文献。

序号 析出文献责任者．析出文献题名［文献类型标志］．析出文献其他责任者//专著主要责任者．专著题名：其他题名信息．版本项．出版地：出版者，出版年：析出文献的页码［引用日期］．获取和访问路径．

例如：

［1］徐新．阿尔泰运动及相关的地质问题［M］//陈毓川，王京彬．中国新疆阿尔泰山地质与矿产论文集．北京：地质出版社，2003：1－11.

⑤专利文献。

序号 专利申请者或所有者．专利题名：专利国别，专利号［文献类型标志］．公告日期或公开日期［引用日期］．获取和访问路径．

例如：

［1］姜锡洲．一种温热外敷药制备方案：中国，88105607.3［P］．1989－07－26.

⑥电子文献。

序号 主要责任者．题名：其他题名信息［电子文献/载体类型标志］．出版地：出版者，出版年（更新或修改日期）［引用日期］．获取和访问路径．

例如：

［1］萧钰．出版业信息化迈入快车道［EB/OL］．（2001－12－19）［2002－04－15］．http：//www．creadercom/news/20011219/200112190019．html.

（3）参考文献类型标志。

以纸张为载体的传统文献不标载体类型，非纸张型载体文献需在文献标志的同时标注载体类型。

以纸张为载体的参考文献类型标志为：M——普通图书，C——会议录，N——报纸文章，J——期刊文章，D——学位论文，R——报告，S——标准，P——专利，G——汇编。

非纸张型的电子文献标志为：DB——数据库，CP——计算机程序，EB——电子公告。

电子文献及载体类型标志为：M/CD——光盘图书，DB/MT——磁带数据库，CP/DK——磁盘软件，J/OL——网上期刊，DB/OL——联机网上数据库，EB/OL——网上电子公告，C/OL——网上会议录，N/OL——网上报纸。

（4）如何快速获取参考文献。

如果利用 CNKI 数据库（单库）查的资料，可以利用它的"导出/参考文献"功能快速获得标准的参考文献（图 5-1~图 5-3）。

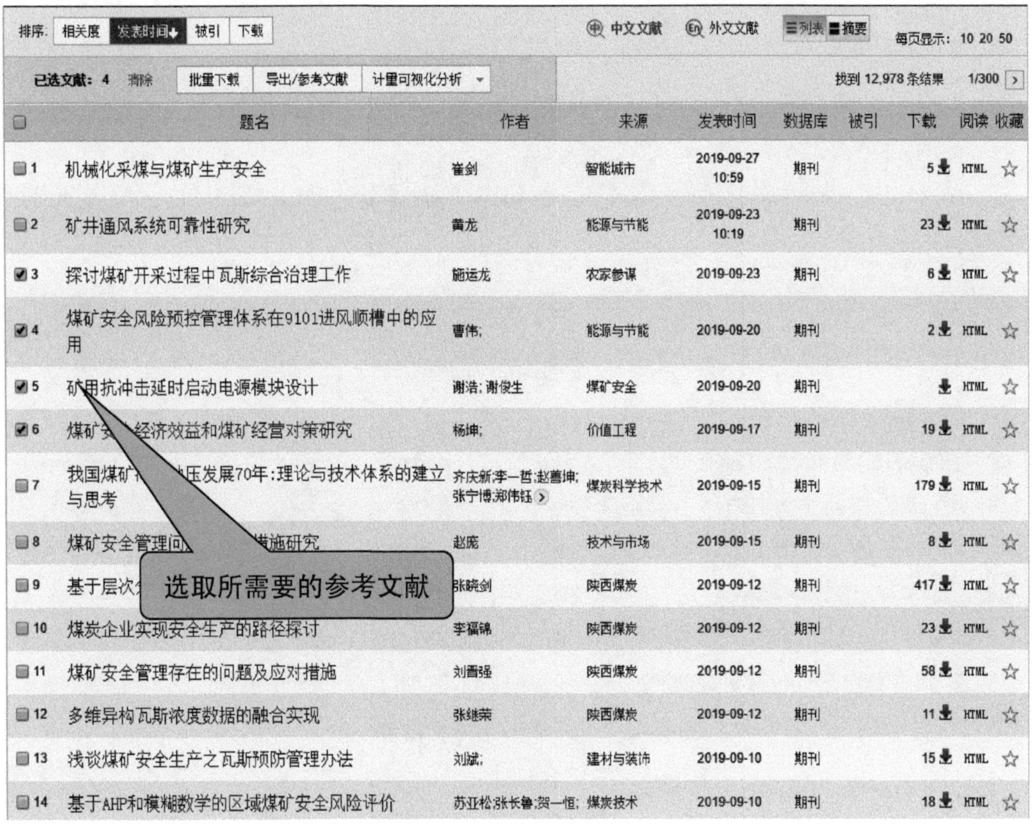

图 5-1　获取方法实例图

5.1.5　学术论文的体例格式

（1）体例：

一

（一）

1

1.1

1.1.1

（2）字号：正文 5 号字，图标用小 5 号，标题字各级从大到小，不得小于 5 号字，可以用粗体。

（3）图标：必须有标题并有序号，表的标题在其上，图的标题在其下，均居中。

（4）参考文献比正文小 1 号字。

（5）具体参见投稿期刊的要求。

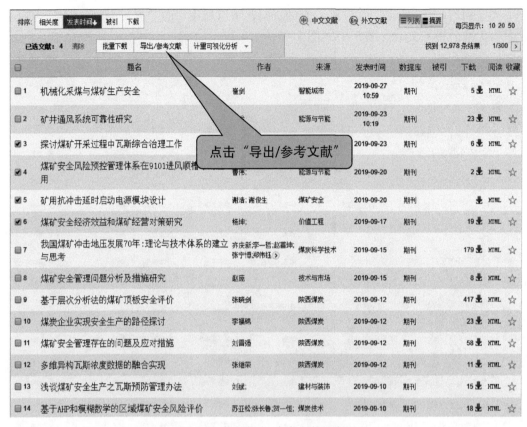

图 5-2 如何导出/参考文献示意图

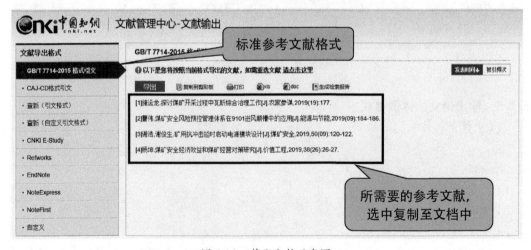

图 5-3 获取文献示意图

5.1.6 学术论文的写作步骤

1. 选题

（1）从指导老师拟定的题目中选择自己感兴趣的题目。

（2）自己拟题。

总结自己四年本科专业学习中所形成的一些观点、看法；所遇到、观察、调查和发现的一些问题。从看资料中拟题。前提条件是多去看资料，特别是选一些学科发展前沿和热点问题的相关论文来看，在看资料的过程中发现问题，找到自己的兴趣所在。

找到研究中的薄弱环节和研究空白点。比如：

①一些争议性的问题：如试论高校公有制实现形式的多样化——北京师范大学珠海分校姓"公"姓"民"争论的启示。

②在某个问题上有不同看法，与某人商榷：如《唐诗三百首》中有宋诗吗——与莫砺锋先生商榷。

③证明《唐诗三百首》中张旭的名篇《桃花溪》实乃宋朝人蔡襄所作的《度南涧》。

④从学科之间寻找新论题。

⑤科学分析学科发展前景，准确预测将要遇到的问题（学术的敏感性）。

（3）选题方法。

比较法、结合地方特色选题、综合法（综述与述评）、移植法（借鉴其他学科的方法应用于本学科）：如孙子兵法与市场营销。

（4）注意事项：宜小不宜大、宜易不宜难、宜今不宜古、宜实不宜虚。

（5）标题可选用以下不同的词语，如：

论……；

略论……；

试论……；

再论……；

浅谈……；

浅议……；

浅说……；

浅析……；

……初探；

……思考；

……设想；

……构想；

……探讨；

……研究。

标题也可在定稿之后再确定，这样可以更贴切地概括文章的内容，但要防止语义晦涩和哗众取宠。

2. 搜集材料

应掌握本领域最重要的文献；体现在本学科研究领域的核心著作、教材和核心期刊上；代表性作者；应了解相近、相关领域的重要文献；交叉学科；应全面调研信息源，提高课题的查全率；专业数据库、专业网站、搜索引擎、纸质图书；应采用阅读技巧，对课题范围有一个大致了解；泛读＋精读；剔除不大可靠、无价值的资料；应按照一致的形式将重要的文献或文献线索做出记录；卡片；活页纸；辅助软件；提取几个能代表研究主题的关键词。

3. 拟定提纲

构造论文的基本框架，设计文章整体布局和层次安排。用简洁的语言安排出论文的篇章结构，把文章的逻辑关系视觉化。

4. 初稿

这是写作的核心环节，按照写作提纲，围绕主题写出论文的初稿。在初稿的写作过程中，可忽略一些小的细节，尽快完成初稿的撰写，避免陷入长时间在初稿的撰写中。

5. 修改定稿

论文的初稿写成之后，还要再三推敲，反复修改，这是提高论文质量和写作能力的重要环节。

查看的问题：错别字，表达是否准确、是否偏离主题，有无多余文字，是否交代清楚，逻辑推理是否准确等

6. 学术论文投稿指南

（1）严格选题，突出创新：通过查阅资料、跟踪研究、分析对比，突出与国内外同一领域类似成果的不同点，尤其是论文中的研究方法、结果、结论部分要突出重点、创新点、关键点，只有有所创新，才能吸引编辑的注意，提高论文被录用的概率。

（2）了解本学科专业期刊和核心期刊。

（3）知己知彼，投其所好，有的放矢：投稿时要知己知彼，通过对期刊征稿要求的了解，对期刊专题版块设置的分析，把自己的文章投往对胃口的期刊。

（4）勿投非法出版物：在投稿过程中，应保证出版源或者刊物的合法性。具体查看出版物是否合法，查询过程如图 5 - 4 所示。

（5）充分利用网络学术论坛。网络学术论坛：指在互联网上开设的，供用户特别是科研人员进行学术交流，提供文献资源互助，中外文知识学习，信息检索技术切磋的网络平台。常见的学术交流平台如下：

小木虫

http：//emuch. net/bbs

丁香园

http：//www. dxy. cn/bbs/index. html

零点花园

http：//www. soudoc. com/bbs

网上读书园地

http：//www. readfree. net/bbs

代理中国

http：//bbs. proxycn. com

在论文写作过程中，也可参考相关的图书，具体文献如下：

朱希祥，王一力. 大学生论文写作指导：规范·方法·范例［M］. 上海：立信会计出版社，2007.

李炎清. 毕业论文写作与范例［M］. 厦门：厦门大学出版社，2008.

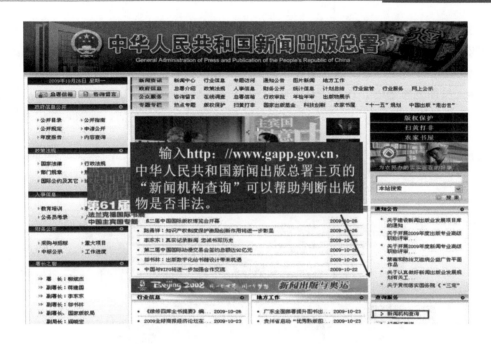

图 5 – 4 查询出版物的合法性

常耀信，等．研究方法与论文写作［M］．南京：南京大学出版社，2009.

刘春燕，安小米．学位论文写作指南［M］．北京：中国标准出版社，2008.

周志高，刘志平．大学毕业设计（论文）写作指南［M］．北京：化学工业出版社，2007.

荆学民．人文社会科学毕业论文写作指南［M］．北京：中共中央党校出版社，2006.

任鹰．毕业论文写作指导［M］．北京：中央广播电视大学出版社，2006.

5.2 投稿技巧

（1）如何提高投稿成功率：①稿件准备：按期刊的稿约要求来准备论文；②投稿：投稿前一定要认真检查；③按期刊要求的方式投稿。

（2）投稿前应做的工作。认真查阅《稿约》令您事半功倍：①稿件准备不充分是不尊重编辑和审稿专家的体现；②没有编辑会喜欢准备不充分的稿件。

（3）按照稿约准备稿件：①通读稿件，检查稿件所有部分是否已准备齐全，检查有无拼写、计算错误；②每页是否打印清晰、是否双倍行距、边距是否足够；③图表、参考文献是否在文内标引正确。

（4）编辑在录用时考虑的几个因素：①是否符合期刊的宗旨和报道范围；②重要性：是否提出了有科学意义的问题，读者是否对这一问题感兴趣；③创新性：是否有新的发现、新的观点；④科学性：实验设计、数据处理是否合理；⑤可读性：文字表达是否流畅、图表是否有自明性、计量单位和参考文献是否规范。

（5）选择杂志应考虑的几个因素：①论文内容与所投期刊刊登的内容是否一致；②所投期刊发表的周期；③所投期刊学术水平、地位及退稿率；④所投期刊被检索系统收录的情况；⑤所投期刊是否收取发表费、彩图费及自身的承受能力。

（6）按期刊希望的方式投稿：①在线投稿：注册、查询；②电子邮件投稿：排版格式；③纸质投稿：打印格式、投稿份数；④有效的联系方式：电话、邮箱、通信地址、邮编。

以煤炭学报为例，简单介绍论文投稿前需要操作的相关步骤：选择登录界面—注册用户—登录投稿系统—按照要求投稿。具体如图 5–5 ～图 5–7 所示。

图 5–5　杂志系统界面示意图

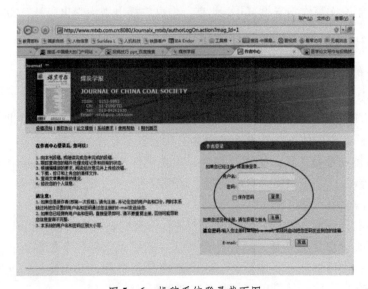

图 5–6　投稿系统登录截面图

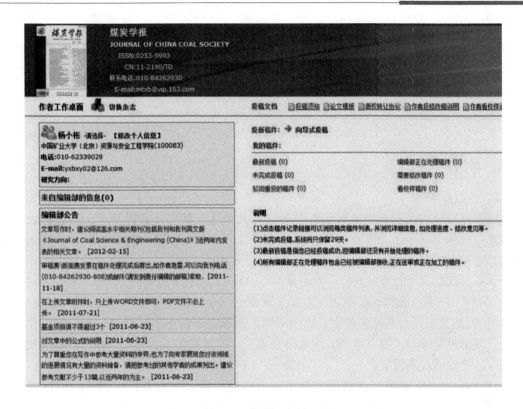

图 5-7 投稿要求界面图

（7）认真撰写投稿函：①简要陈述研究的意义、创新性以及对期刊的特别意义（哪些读者会感兴趣）；②无竞争性利益冲突说明；③推荐审稿人或请求回避的审稿人；④简洁、礼貌的投稿函会给您的论文的第一位读者——编辑良好的印象，为论文的发表铺平道路！

（8）研究退修意见，写好修改回复函：①认真逐条回复每条修改意见；②如果不认同审稿人、编辑的观点，要以礼貌的方式从学术的角度申辩，不要不理不睬；③采用适当的方式表明所做的修改（如列出页码和行号，用不同的颜色标注等）。

（9）论文发表的窍门在哪里？①踏踏实实做好研究是写好论文的前提；②认认真真按《稿约》准备稿件是尊重专家和编辑的具体体现；③与编辑部、编辑保持适度联系以避免因非论文内在质量问题而被退稿；④投稿函和修改回复函是与编辑直接沟通的便捷方式，是说服编辑认可、发表您的论文的有效手段。

（10）投稿后应做的几件事情：①投稿后2周左右与编辑部联系，询问是否收到稿件？稿件是否齐全？是否补什么证明材料？②投稿后2月左右与编辑部联系，询问稿件的处理结果。如果不可能刊用，可改投他刊。③收到编辑部的退修意见，及时按要求修改、标注修改处，并附修改说明，修改稿需重新打印。④对修改意见有不同观点，应书面答辩，不能不理不睬。

6 学术规范与学术道德

6.1 学术

6.1.1 什么是学术

在学界以外的人看来,学术深不可测,不大敢碰。其实,所谓学术,不过是较为系统、较专门的学问而已。韩愈在《师说》中说:"闻道有先后,术业有专攻",突出的是技能必须专门研究。

学术,泛指高等教育和研究,这是从英语 Academia 引申过来的。

"学术"一词,我国久已有之。东汉·班固《汉书·霍光传》:"然光不学亡术,暗于大理。"说的是霍光没有经学根底,故而不明大道理。不学无术,原指没有学问因而没有办法。现指没有学问,没有本领,用来鄙视人了,与目不识丁、胸无点墨、不通文墨、不学无知、才疏学浅等近义。

《辞海》(1999 年版)在解释"学术"一词时,举《旧唐书·杜暹传》中的"(杜暹)素无学术,每当朝议论,涉于浅近"为例,然后将此定义为"指较为专门、有系统的学问"。但是,这只是一个泛泛而论的定义,与我们现在讨论的"学术"有很大差距。

现代意义上的"学术"一词,直到 19 世纪末 20 世纪初,我国学者似乎尚未使用。那个时代的许多学者,还是把"学"与"术"二字分开来使用的。例如严复说:"盖学与术异,学者考自然之理,立必然之例;术者据既知之理,求可求之功。学主知,术主行。"蔡元培说:"学是学理,术是应用。学必借术以应用,术必以学为基本,两者并进始可。"梁启超说:"学者术之体,术者学之用。"他又进一步说:"夫学也者,观察事物而发明其真理者也;术也者,取所发明之真理而致用也。应用此真理以驾驶船舶,则航海术也;研究人体之组织,辨别各器官之机能,此生理学也;应用此真理以疗治疾病,则医术也。学与术之区分及其相关系,凡百皆准此。"

从他们的话里可以清楚地看出,当时所说的"学术"包括"学"与"术"两个差异甚大的概念,因此我们难以由此得到一个明晰的"学术"的概念。不过应当指出的是,虽然他们还没有使用学术一词,但是他们所说的那种与"术"相对的"学",其含义实际上已很接近我们现在所讨论的"学术"了。

我们今日所谈的"学术"这一概念,实际上是从西方引进的。而在西方,学术一词包含的意思并不只是"较为专门、有系统的学问"。在英语里,学术一词今天几种通行的解释如下:

《牛津高级辞典》(1989 年版):

of (teaching or learning in) schools, colleges, etc. (学校的,学院的);

scholarly, not technical or practical (学者式的,非技术的或非实用的);

of theoretical interest only （仅注重理论的，学术的）。

《剑桥国际英语辞典》（1995 年版）：

relating to schools, colleges and universities, or connected with studying and thinking, not with practical skills （与学校、学院、大学有关的，或者与学习和思考有联系的，但与实用技能无关）。

《美国传统辞典》（American Traditional Dictionary）的解释更为全面：

Of, relating to, or characteristic of a school, especially one of higher learning （学校的、与学校有关或具有学校特征的，尤指是具有较高学识的学校）；

relating to studies that are liberal or classical （关于自由主义或古典主义的研究）；

rather than technical or vocational （与自由或古典文化研究有关的，而非与技术或职业性的研究有关的）；

scholarly to the point of being unaware of the outside world （除学术方面以外对外界毫无知觉的）；

based on formal education （以正规教育为基础）的；

theoretical or speculative without a practical purpose or intention （纯粹理论的或推理的，无实际目的或意图的）；

having no practical purpose or use （没有实际目的或用途的）。

6.1.2 学术的特点

1. 与学院有关

学术与学院有密切关系，是因为在一个分工发达的社会中，进行学术研究并非人人可为、处处可为，而是只有受过专门训练并在专门的环境中才能进行。正因为如此，美国的大学有研究型大学和教学型学院之分。在后一类中，并不要求教师进行学术研究，尽管这些教师都是经过正规训练的。即使是在前一类大学中，也只有一部分教师才具有进行学术研究的资格并拥有相应的学术职位——教授。许多在我国大学里有教授职称的人员（如承担公共外语、体育、艺术教育等教学工作的教师、学报资深编辑、实验室工程师等），在美国都不能进入教授之列。

2. 非实用性

学术的这种特点，从一开始就已很明显了。Academic 一词，本源于 academy （柏拉图创建的高等教育学校，Plato's school for advanced education），而在这种学校里，人们"探索哲理只是为想脱出愚蠢，显然，他们为学求知而从事学术，并无任何实用的目的"。因此，所谓的学术工作，就是由受过正规教育并在大学中工作的学者所进行的非实用性的研究工作。因此，在欧洲的传统中，学术是由受过专业训练的人在具备专业条件的环境中进行非实用性的探索。

6.1.3 有关学术非实用性的争论

学术不能追求实用，原因即如梁启超所言，倘若"不以学问为目的而以为手段"，则动机高尚者，固然会以学问为变法改制的工具，但是动机低下者，则亦会以学问为博取功名的敲门砖，"过时则抛之而已"。不论哪一种作法，都会导致学者将其关注的焦点转移到学问本身之外，从而使得研究离开学术。因此，他大声疾呼："学问之为物，实应离

'致用'之意味而独立"，"就纯粹的学者之见地论之，只当问成为学不成为学，不必问有用与无用，非如此则学问不能独立，不能发达"，学者应当以学问为重，"断不以学问供学问以外的手段"。

也正是因为这个原因，王国维说："学术之发达，存在于其独立而已。"陈寅恪也说："吾国大学之职责，在本国学术之独立，此今日之公论也。"

因此，可以借用在过去几十年中我国被痛批过的一句话来说，学术，就是学者在"象牙塔"中进行的"为学术而学术"的"纯学术"探索工作。

例如"马尾巴的功能"事件：在一所"共产主义劳动大学"里，由葛存壮（葛优之父）饰演的教授一本正经地在对农村招来的大学生们讲"马尾巴的功能"。这时，一个老农民来请这位教授给牛治病，却被轰走了。因为，教授认为他的"教学大纲"要比农民的实际困难重要得多。这是 1975 年拍摄的电影《决裂》中的一个著名的情节，以至于很长一段时间人们一见到葛存壮就想起了"马尾巴的功能"。

有关学术的真正定位，现在还是个问题。工农兵大学生推翻的是"象牙塔"中进行的"为学术而学术"，而 1976 年恢复高考的又是恢复这一"象牙塔"中进行的"为学术而学术"，后来国家不包大学生分配，引起现实中用人单位招不到实用的人，导致学术向实用转化，比如学术成果向各行各业应用转化，高校做成产业化。目前，高校也都一直在强调产学研的结合。

6.2 学术规范

6.2.1 什么是规范

规：尺规。范：模具。这两者分别是对物、料的约束器具，合用为"规范"，拓展成为对思维和行为的约束力量。除了法律、规章制度、纪律外，学说、理论和教学模式也具有规范的性质。伦理也属于规范。规范可能与活动有关（如程序文件、过程规范和试验规范）或与产品有关（如产品规范、性能规范等）。规范是指群体所确立的行为标准。它们可以由组织正式规定，也可以是非正式形成。

6.2.2 为什么学术需要规范

在"象牙塔"中进行"为学术而学术"的"纯学术"探索工作，是许多搞学术的人向往而追求的，我们都是听居里夫妇的故事长大的。但目前由于各种工作生活压力，很多学者出现了"为发论文而发论文"的现象。因此，在这种背景下出现了很多学术垃圾甚至很多学术不端行为，给学术界带来了恶劣的影响。目前要规范的理由是因为存在下列违反学术规范的行为：

（1）剽窃：将他人的学术观点、思想和成果冒充为自己所创；擅自使用在同行评议或其他评审中获得的学术信息。

（2）抄袭：将他人已发表或未发表的作品，不注明出处，而作为自己的研究成果使用。或在自己的论文、著作或其他成果中抄袭部分占 20% 以上（含 20%）。

（3）篡改实验数据：故意选择性地忽略实验结果，甚至伪造数据资料，但不包括诚实性错误，或者在解释或判断数据时的诚实性差异。

（4）伪造：在提交有关个人学术情况报告时，不如实报告学术经历、学术成果，伪造专家鉴定、证书及其他学术能力证明材料。

（5）私自署名：未参加实际研究或者论著写作，未经原作者同意或违背原作者意愿，而在别人发表的作品中署名，或未经本人同意盗用他人署名。

（6）泄密：违反国家有关保密的法律、法规或学校有关保密的规定，将应保密学术事项对外泄露。

（7）其他违背学术界公认的学术规范的行为：包括在报刊上一稿数投、不正当地获取学术荣誉、诬陷他人、故意歪曲他人学术观点、在申报科研项目或申请职称晋升时谎报成果、包庇（包括但不限于明知学生在学位论文或公开发表的论文中有抄袭行为而不指出）等。

6.2.3 学术规范的定义

所谓学术规范，是指学术共同体内形成的进行学术活动的基本伦理道德规范，或者根据学术发展规律制定的有关学术活动的基本准则。

6.2.4 学术规范的内容

学术规范涉及学术研究的全过程和学术活动的各方面（学术研究规范、学术评审规范、学术批评规范、学术管理规范）。如果将学术规范的基本原则概括一下，则可归纳为以下几点。

1. 学术研究规范

（1）遵纪守法，弘扬科学精神：科技工作者应是先进生产力的开拓者，是科技知识和现代文明的传播者，科技工作者的言行在社会上具有较大的影响。科技工作者应当模范遵守我国的法律、法规，不得有任何危害国家安全和社会稳定、损害国家荣誉和利益的行为；应积极弘扬科学精神、传播科学思想和科学方法；正确对待各种自然现象，不得参与、支持任何形式的伪科学。

（2）严谨治学，反对浮躁作风：科技工作者应坚持严肃、严格、严密的科学态度，要忠于真理、探求真知，自觉维护学术尊严和学者的声誉，不得虚报教学科研成果，反对投机取巧、粗制滥造、低水平重复等盲目追求数量不顾质量的浮躁作风和行为。在项目设计、数据资料采集分析、公布科研成果，以及确认同事、合作者和其他人员对科研工作的直接或间接贡献等方面，必须实事求是。研究人员有责任保证所搜集和发表数据的有效性和准确性。科技工作者不应参加与本人专业领域不相干的成果鉴定、论文评阅或学位论文答辩等活动。

（3）公开、公正，开展公平竞争：在保守国家秘密和保护知识产权的前提下，应公开科研过程和结果相关信息，追求科研活动社会效益最大化。开展公平竞争，对竞争者和合作者做出的贡献，应给予恰当认同和评价。在评议评价他人贡献时，必须坚持客观标准，避免主观随意。不得以各种不道德和非法手段阻碍竞争对手的科研工作，包括毁坏竞争对手的研究设备或实验结果，故意延误考察和评审时间，利用职权将未公开的科研成果和信息转告他人等。

（4）相互尊重，发扬学术民主：尊重他人的知识产权，通过引证承认和尊重他人的研究成果和优先权，反对不属实的署名和侵占他人成果；尊重他人对自己科研假说的证实和辩驳，对他人的质疑采取开诚布公和不偏不倚的态度；要求合作者之间承担彼此尊重的义务，尊重合作者的能力、贡献和价值取向。在各种学术评价活动中，要认真履行职责，发扬学术民主，实事求是，客观公正、不徇私情，自觉抵制不良社会风气的影响，杜绝权学、钱学交易等腐败行为。

（5）以身作则，恪守学术规范：教师和科技工作者要向青年和学生积极倡导求真务实的学术作风，传播科学方法。要以德修身、率先垂范，用自己高尚的品德和人格力量教育和感染学生，引导学生树立良好的学术道德，帮助学生养成恪守学术规范的习惯。

2. 学术道德规范

（1）在学术活动中，必须尊重知识产权，充分尊重他人已经获得的研究成果；引用他人成果时如实注明出处；所引用的部分不能构成引用人作品的主要部分或者实质部分；从他人作品转引第三人成果时，如实注明转引出处。

（2）合作研究成果在发表前要经过所有署名人审阅，并签署确认书。所有署名人对研究成果负责，合作研究的主持人对研究成果整体负责。

（3）在对自己或他人的作品进行介绍、评价时，应遵循客观、公正、准确的原则，在充分掌握国内外材料、数据基础上，做出全面分析、评价和论证。

（4）尊重研究对象（包括人类和非人类研究对象）。在涉及人体的研究中，必须保护受试人合法权益和个人隐私并保障知情同意权。

（5）在课题申报、项目设计、数据资料的采集与分析、公布科研成果、确认科研工作参与人员的贡献等方面，遵守诚实客观原则。搜集、发表数据要确保有效性和准确性，保证实验记录和数据的完整、真实和安全，以备考查。公开研究成果、统计数据等，必须实事求是、完整准确。对已发表研究成果中出现的错误和失误，应以适当的方式予以公开和承认。诚实严谨地与他人合作。耐心诚恳地对待学术批评和质疑。

（6）对研究成果做出实质性贡献的有关人员拥有著作权。仅对研究项目进行过一般性管理或辅助工作者，不享有著作权。合作完成成果，应按照对研究成果的贡献大小的顺序署名（有署名惯例或约定的除外）。署名人应对本人做出贡献的部分负责，发表前应由本人审阅并署名。

（7）不得利用科研活动谋取不正当利益。正确对待科研活动中存在的直接、间接或潜在的利益关系。

3. 学术引用规范

（1）引用应尊重原意，不可断章取义：无论是作为正面立论的依据还是作为反面批评的对象，引用都应当将能够说明作者原意的全部语句与段落引全，不可为了一逞己意而曲解引文，断章取义。为了节省篇幅或使意思明确，引用者可以对引文作一定限度的增删。增加的内容可以夹注的方式注明，或加括号表示；删节处通常使用省略号。被省略号连接的部分一般应在同一段落中，超过同一段落应分两段引用。增加和删节均不能影响对作者思想的正确了解。

（2）引用应以论证自己观点的必要性为限：引用是为了论证自己的观点，因此，他人文字与作者本人文字之间应当保持合理的平衡，要避免过度引用，尤其是避免过度引用某一个特定作者的论著。过度引用指的是引用他人文字超过自己的论证，或主要观点和论据以引用为主。

（3）引注观点应尽可能追溯到相关论说的原创者：建立在前人研究基础上的新作，需要对于此前研究尤其是一些主要观点的发物、重述或修正过程有清晰的把握，除非万不得已，一般不要采用转引，尽量不要引用非原创的第二手材料，引用译文与古籍应当核对原文。这样做，一方面避免歪曲学术史的本来面目，另一方面也避免相关思想学说在辗转引用中被歪曲。对于思想或学术体系的认真梳理，清楚地区别原创与转述，是一个研究者应具备的基本功。

（4）引用未发表作品应征得作者同意并保障作者权益：学术研究中经常需要引用尚未公开发表的手稿、学位论文、书信等。除非只是提供相关文献的标题、作者等技术信息，否则，对于正文文字的引用，需征得作者或著作权人的同意，尊重作者对于某些不希望披露信息的保留权利，引用书信、日记应保证不侵犯他人的隐私权。引用未发表作品更要防止过度引用或大量引用，防止损害被引用作品发表的价值。

（5）引用未成文的口语实录应将整理稿交作者审核并征得同意：引用未成文的口语实录，包括口头演讲、课堂教学实录、采访记录等，应将整理稿交作者审核、修订。整理稿不能将不同时间多次的口语实录自行综合，避免因理解有误在综合时出错，同一作者不同时间、场合的口头发言应分别注明出处。

（6）学生采用导师未写成著作的思想应集中阐释并明确说明：导师在课堂教学、个别辅导以及作业批改时，会阐发自己尚未写成著作的有系统的学术理念和独特方法，学生在论文中采用这些内容时，应选择适合的章节，例如"绪论"或相关章节，对导师的思想客观地集中复述。复述应不加入学生本人的任何个人意见，并通过注释说明来源。学生不能把导师的口语实录和思想未加集中说明而淹没在自己的论文各处随意使用，引起知识产权归属的混乱，也不宜将导师在课堂上的只言片语断章取义割裂引述。

（7）引用应伴以明显的标识，以避免读者误会：引用有直接引用与间接引用，直接引用需使用引号，间接引用应当在正文或注释行文时明确向读者显示其为引用。引用多人观点时应避免笼统，使读者清楚区分不同作者之间的异同。直接引文如果超过一定数量，应当在排版时通过技术方式（例如另起一段、改换字体等）更为清晰加以显示。

（8）凡引用均须标明真实出处，提供与引文相关的准确信息：文献有不同版本，不同版本间在页码标注甚至卷册划分上并不一致。因此引用者必须将所引文字或观点的出处给出清晰的标示，便于读者核对原文。在标注引文出处时，不得作伪。掩盖转引，将转引标注为直接引用，引用译著中文版却标注原文版，均属伪注。伪注属于学术不端行为，不仅是对被转引作品作者以及译者劳动的不尊重，而且也是学术态度不诚实的表现。

6.2.5 假引用、不引用和伪引用

1. 假引用

假引用是指虚伪的、不真实的引用。

最常见的假引用有三种。

一是"友情引用"。作者或是引用者的师长，或是引用者的好友，或是引用者的圈内人。于是你引用我的，我引用你的，从而形成一个个不小的引用圈子。这样相互抬轿，互相吹捧，大家不就共同提高了嘛。其实，明眼人不难识别这类小聪明。吹吹拍拍，拉拉扯扯，这只不过是一些学术山头、学术团伙惯用的小花招而已。

二是"装门面引用"。有些引用者动辄罗列一大堆外文文献，热衷于引用"权威"的文献，以便给自己装门面，实际上他们也许从来就没有研读它们，或者它们根本与引用者所论毫不沾边。

三是滥用自引用。必要的和适度的自引用是正当的，能够从中看出引用者研究的连贯性以及在学术上有无进展和提高。但是，滥用自引用，除了给人一个"王婆卖瓜，自卖自夸"的不良印象外，又能给引用者增添什么光彩呢？

2. 该引用的偏偏不引用

所谓"不引用"，正好与假引用形成对照：假引用是不该引用的偏偏要引用，不引用是该引用的偏偏不引用。本来，自己的研究受惠于哪些论著，并且在写作时利用人家的哪些材料和思想，自己心里应该是最清楚的。可是，有些人却千方百计地回避它们，在列举的参考文献中难觅其踪影。这种做法轻者是掠人之美，重者则是剽窃抄袭。为了遮人耳目，引用者可谓绞尽脑汁，使出浑身解数，在窃取不大为人所知的文献和外文资料时往往瞒天过海，在偷窃易于被人识破的论著时常常改头换面。

3. 伪引用

"伪引用"就是有意做掩盖本来面貌的虚假引用。

这种做法大多出现在"伪注"中。其中最常见的伎俩是：本来自己没有接触外文原始文献，或者根本就看不懂 ABC，只是直接从中译本或别人的译文中抄录了老外的言论，可是不如实地标注中译本或间接的出处，却堂而皇之把外文原始文献作为参考文献大言不惭地列出。其实，引用者引文与人家译本或译文一模一样，甚至连人家的翻译错误也照抄不误。有的引用者还要耍点小手腕，把译文中无关紧要的虚词稍做改动，把个别实词用其同义词或近义词代换，以达到自欺欺人的目的。

6.2.6 学术论文注释常见问题

注释是对论著正文中某一特定内容的进一步解释或补充说明，一般排印在该页地脚（脚注），注释用数字加圆圈标注（如①②…），与正文对应；也可在正文中加括号，写明注文（夹注）；还可以把注释集中于全文或全书末尾（尾注）。学术论文注释常见问题如下。

1. 注释查无实据

即所著文献真实存在，但是所引用的内容没有，甚至连意思也不沾边。造成这种情形的原因有二：

一是作者无意所致。与其说出于无意，倒不如说是心不在焉。无心真正从事学术研究，难以静心在故纸堆里深究细考，只是浅尝辄止，甚至从他人论文中转引注释，拿来便是，无暇查对。如果其他学者再次转引，必将导致以讹传讹。

二是作者蓄意所为，"装腔作势，借以吓人"。他们将一连串根本没有被引用的文献名罗列于文后，以彰显其阅读面之宽，学问之大。

2. 注释漏洞百出

一是引文确实出自此处，但是与原文尚有出入。诸如文字表述不同、标点符号错误、断章取义也不加省略号，甚至杜撰数据，等等。

二是张冠李戴，颠倒黑白。他们将作者名、文献名、版本、页码、时间等重要文献信息搞错。

三是注释文献纯属子虚乌有。某些硕士研究生，在其毕业论文参考文献中竟然出现根本不存在的文献资料，学生对这种弥天大谎浑然不知，导师居然也毫无觉察。

3. 用洋文注释装点门面

许多人喜欢使用外文文献，不愿意放中文文献。乍看起来，学问不能说不大。这里有两类问题：

其一，这究竟是你的文章，还是翻译西方学者的作品？

其二，这么多外文书目，作者究竟翻阅过几种？或者那些注释仅仅是从几篇西方学人的论文中顺手牵羊牵出来的而已。

6.2.7　学术评价规范

1. 同行评议

同行评议是由同一学术共同体的专家学者来评定某特定学术工作的价值和重要性的一种评估方法，通常为一项有益于学术发展的公益服务，相关专家有义务参加同行评议活动。

2. 坚持客观、公正原则

科技工作者和有关科技管理机构在科研立项、科技成果的评审、鉴定、验收和奖励等活动中，应当本着对社会负责的科学态度，遵循客观、公正、准确的原则，给出翔实的反馈意见，不可敷衍了事，更不可心存偏见。

相关的评价结论要建立在充分的国内外对比数据或者检索证明材料基础上，对评价对象的科学、技术和经济内涵进行全面、实事求是的分析，不得滥用"国内先进""国内首创""国际先进""国际领先""填补空白"等抽象的用语。

对未经规定程序进行验证或者鉴定的研究成果，不得随意冠以"重大科学发现""重大技术发明"或者"重大科技成果"等夸大性用语进行宣传、推广。

对用不正当手段拔高或者贬低他人成果水平以及不认真负责、不实事求是、在评价活动及其结论中弄虚作假等行为，应当坚决制止。

科技工作者在技术开发、转让、咨询、服务等技术交易活动中，应当尊重诚实守信和互利的原则，遵循社会主义市场经济规则，如实反映项目的技术状况及相关内容，不得故意夸大技术价值，隐瞒技术风险。要严格履行技术合同的有关约定，保证科技成果转化的质量和应用的效益。

科技工作者不应担任不熟悉学科的评议专家。长期脱离本学科领域前沿而不能掌握最新趋势和进展的人员，不宜担任评议专家。

为保证评审的公正性，评议专家不得绕过评议组织机构而与评议对象直接接触，不得收取评议对象赠予的有碍公正评议的礼物或其他馈赠。

3. 执行回避和保密制度

评议专家与评议对象存在利益关系时，为保证评审的公正性，评议专家应遵守评审机构的相关规定采取回避或及时向评审组织机构申明利益关系，由评审机构决定是否应予以回避。评议专家有责任保守评议材料秘密，不得擅自复制、泄露或以任何形式剽窃申请者的研究内容，不得泄露评议、评审过程中的情况和未经批准的评审结果。

6.2.8　学术批评规范

1. 实事求是，以理服人

学术批评前应仔细研读相应论文，熟知该论文的研究过程，并对其中的观点、方法做过深入的研究和思考，在有理有据的条件下提出学术批评，不得夸大歪曲事实或以偏概全。学术批评时应以学术为中心，以文本为依据，要以理服人，不得"上纲上线"或进行人身攻击。

2. 鼓励争鸣，促进繁荣

学术批评要讲民主，反对以势欺人和学术霸权，反对学术报复。要坚持"百花齐放、百家争鸣"的方针，提倡批评与反批评，促进学科发展。

6.3　学术腐败与学术不端行为

6.3.1　学术腐败

狭义的学术腐败，主要是指利用学术权力谋取不正当的利益。

广义的学术腐败，至少包括学术腐败、学术不端、学术失范等形式。

学术腐败是指利用学术资源谋取非正当利益或者利用不正当资源谋取学术利益，如权学交易、钱学交易、学色交易等。

学术不端主要是指学术从业人员有意识地进行的学术违法违规行为，如抄袭剽窃、实验作假、伪注等。

学术失范主要是指学术研究及成果发表中存在的违背学术规范与学术伦理的学术偏差，如一稿多投、低水平重复、粗制滥造等。

6.3.2　学术腐败产生的原因

就狭义学术腐败的界定而言，主要还是非学术因素对学术以及学术共同体的侵蚀与干扰。在现代社会，本来应该是分层化、专业化的。

就学术而言，除了涉及国家安全等特殊情形外，尽管宣传有纪律，但学术研究无禁区。无论是大学还是学术共同体，就其正常和理想的状态而言，都应该是独立、自治、自由的，但现实的情形并非如此。比如权力的越界、金钱的引诱，从左右两个方面在强劲地撕扯着学术与学术共同体。

大学应该是探索真理、传承文明、培养人才之所，但现在的大学，越来越像个"公司"，越来越像个"衙门"，于是，出现了权学交易、出现了钱学交易，总裁、老板等纷纷到名牌大学"讲学"，他们越来越像"学者"，招摇过市，一手交钱，一手获取学术荣誉，甚至名誉教授、高级学位。

学术腐败首先是学术问题，但又不仅仅是学术问题，也同样是一个体制问题和社会问题。从现有的国情民意体制来说，还很难找到一个解决问题的根本办法。"毕其功于一役"，大概是不现实的。

用权力谋取学术利益，比如现在一些高级官员到名牌大学作挂名的院长和挂名的博士生导师，还有一些高级官员到各大学拿博士学位。一个国家的高级官员，他要处理政务，出访，视察，开会，怎么会有时间来传道授业解惑，怎么有时间去做博士论文。

钱学交易，大学为了创收办各种硕士班、博士班，还要老板交钱，学校送学位，老板们以送钱为代价，谋取导师或者教授的资格。

学色交易，主要是指一些学者利用自己的学术地位从异性那里谋取不恰当的利益，这主要是男性学者。

6.3.3 常见学术不端行为

学术不端行为是指在科学研究和学术活动中的各种造假、抄袭、剽窃和其他违背学术活动公序良俗的行为。常见学术道德不端行为有：

（1）抄袭、剽窃、侵吞、篡改他人学术成果。在学术活动过程中抄袭、篡改他人作品等成果，剽窃、篡改他人的学术观点、学术思想或实验数据、调查结果；违反职业道德利用他人重要的学术认识、假设、学说或者研究计划等行为；故意做出错误的陈述，捏造数据或结果，破坏原始数据的完整性；伪造、拼凑、篡改科学研究实验数据、结论、注释或文献资料等行为。

（2）伪造学术经历。在评奖、评优、奖助学金评定等申报材料填写有关个人简历信息及学术情况时，不如实报告个人简历、学术经历、学术成果，伪造专家鉴定、证书及其他学术能力证明材料等行为。

（3）成果发表、出版时一稿多投。

（4）未如实反映科研成果。虚报科研成果，或重复申报同级同类奖项，或随意提高成果的学术档次，在出版成果时未如实注明著、编著、编、译著、编译等行为。

（5）不当或滥用署名。未参加科学研究或者论著写作，而在别人发表的作品等成果中署名；未经被署名人同意而署其名等行为；在科研成果的署名位次上高于自己的实际贡献的行为；未经被署名人允许的随意代签、冒签；损害他人著作权，侵犯他人的署名权，将做出创造性贡献的人排除在作者名单之外。

（6）采用不正当手段干扰和妨碍他人研究活动，包括故意毁坏或扣压他人研究活动中必需的仪器设备、文献资料，以及其他与科研有关的财物；故意对竞争项目实施不正当竞争行为。

（7）参与或与他人合谋隐匿学术劣迹，包括参与他人的学术造假，与他人合谋隐藏其不端行为，监察失职，以及对投诉人打击报复。

6.3.4 部分学术不端行为案例

1. 美国舍恩事件

亨德里克·舍恩 1970 年生于德国，1998 年正式加盟贝尔实验室后，先后与其他 20 多位研究人员合作，在短短两年多时间里一口气在几家全球著名学术期刊上发表十几篇论文，而且涉及的都是超导、分子电路和分子晶体等前沿领域，其中一些研究还被认为是突破性的。舍恩的成果产出率和重要程度，都远远超出大多数同龄科学家，被认为迟早会得诺贝尔奖。

但其他科学家随后进行的研究，却无法重复舍恩的实验结果。尤其令科学界怀疑的是，舍恩的很多论文虽然描述了一系列不同设备的实验，但部分数据看上去却一模一样，而这种数据本应是随机的。在接到有关投诉后，贝尔实验室 2002 年 5 月邀请 5 名外界科学家组成独立调查小组，对此事展开调查。调查小组最终认定，在 1998—2001 年间，舍恩至少在 16 篇论文中捏造或篡改了实验数据。鉴于此，贝尔实验室将其开除。

2. "金童"范·帕里耶斯

哈佛大学博士、免疫学研究领域的世界级"金童"——美国麻省理工学院的副教授范·帕里耶斯，自2000年进入麻省理工学院后，在《科学》等顶级刊物上发表了10多篇论文，被誉为"百年一遇的天才"。但是后来他却被同事检举造假。在校方掌握了翔实的证据后，帕里耶斯终于承认至少在一篇论文和数篇手稿中编造了数据，并在申请科研基金时杜撰了合作者姓名和数据。

3. 斯佩克特假说——激酶级联说

"斯佩克特假说"是当代科学史的一个重大造假行为，警示着科学道德"反欺骗"的基本诉求。1981年5月，在冷泉港实验室召开的一个学术会议上，康奈尔大学一位24岁的研究生斯佩克特，向与会专家讲解了他的最新致癌理论——激酶级联说。这个新理论的思路是那么清晰，实验数据是那么确凿，科学意义是那么重大，马上被认为是一个诺贝尔奖级的重大成果。斯佩克特与导师拉克尔联名将这一理论发表在1981年7月的《科学》杂志上。随后很多研究人员都按照该学说展开了深入的研究，并把自己的试剂交给斯佩克特去测试。然而，慢慢地，人们发现斯佩克特的实验结果始终无法重复。后来，与他同系的一个病毒学教授终于戳穿了他伪造实验结果的造假行为。最终，该学说都是建立在虚假实验的基础上，得到了学界的一致批评。

4. 日本多比良和诚事件

2005年，多比良教授在美国科学刊物《自然》上发表关于控制遗传基因的医学论文后，被指出重要实验数据存在错误。

东京大学成立校内调查委员会，对数据的可再现性进行调查。最后得出结论，由于多比良没有保留实验记录，论文数据无法重新得到验证。此后，多比良教授被解雇。

5. 韩国黄禹锡伪造干细胞研究成果事件

韩国著名生物科学家黄禹锡，曾任首尔大学兽医学院首席教授，他在干细胞的研究，一度令他成为韩国民族英雄、被视为韩民族摘下诺贝尔奖的希望。2005年12月，他被揭发伪造多项研究成果，韩国举国哗然。黄禹锡发表在《科学》杂志上的干细胞研究成果均属子虚乌有。2009年10月26日，韩国法院裁定，黄禹锡侵吞政府研究经费、非法买卖卵子罪成立，被判2年徒刑，缓刑3年执行。

6. 上海交通大学汉芯事件

汉芯事件是指2003年2月上海交通大学微电子学院院长陈某发明的"汉芯一号"造假，并借助"汉芯一号"，陈某又申请了数十个科研项目，骗取了高达上亿元的科研基金。中国亟待在高新科技领域有所突破，自主研发高性能芯片是我国科技界的一大梦想。陈某利用这种期盼，骗取了无数资金和荣誉，使原本该给国人带来自豪感的"汉芯一号"，变成了一起让人瞠目结舌的重大科研造假事件。

为严肃学术规范、维护学术声誉，上海交大按照学校有关规定和程序，经研究决定：撤销陈某上海交大微电子学院院长职务；撤销陈某的教授职务任职资格，解除其教授聘用合同。

科技部根据专家调查组的调查结论和国家科技计划管理有关规定，决定终止陈某负责的科研项目的执行，追缴相关经费，取消陈某以后承担国家科技计划课题的资格；教育部决定撤销陈某"长江学者"称号，取消其享受政府特殊津贴的资格，追缴相应拨款；国家发展改革委决定终止陈某负责的高技术产业化项目的执行，追缴相关经费。

7. 西安交通大学李某某教授造假事件

2007年12月，西安交大陈永江等教授实名举报该校"长江学者"特聘教授李某某等在申报"往复式压缩机及其系统的理论研究、关键技术及系列产品开发"获奖项目中存在造假、侵占他人学术成果进行拼凑和包装等严重学术不端问题。

在此期间，6名教授却不断被校方领导约见。校方还对教授表示，"现在高校弄虚作假成风，你们不要大惊小怪"。中央电视台焦点访谈以标题：没有结果的"学术成果"，报道了上述6名教授艰难检举，校方多次阻止的事实。

迫于舆论压力和教授们的不懈努力，学校学术委员会及有关部门展开深入调查。根据调查结果，学校于2008年3月致函教育部，建议撤销授予该项目2007年度高等学校科学技术奖；随着对李某某其他学术不端行为的调查与核实，2009年4月学校决定免去其流体机械及压缩机国家工程研究中心副主任职务；2009年12月，针对李某某相关学术不端问题，校学位委员会决定免除其博士生导师资格。

国家科学技术奖励委员会也决定撤销"涡旋压缩机设计制造关键技术研究及系列产品开发"项目所获2005年国家科学技术进步奖二等奖，收回奖励证书，追回奖金。

8. 浙江大学贺某某论文造假

2008年5月，德国《NSA药理学》杂志刊登以贺某某为第一作者的文章《丹酚酸B和贝尔普力对小鼠慢性心肌梗死心脏保护作用的比较》，其他作者包括吴某某、李某某，其中，吴某某是李连达主持的浙江大学药学院药理实验室主任。对于中医学界而言，这篇文章所揭示的药学理论令人振奋，特别是在西方国家，它使得饱受非议的中医大大提升了自身的地位。2008年10月16日，浙江大学药学院收到反映药学院副教授贺某某学术不端的邮件。收到该邮件后，在院、校两个层面相继组成了调查组，当天即着手调查此事，发现该论文的实验结果不能够被重复。最终确认贺某某8篇有学术造假内容的论文的通信作者均署名为吴某某。目前没有证据表明他直接参与了上述论文的写作和最初投稿；但他在贺某某的部分问题论文录用或刊出后，作为通信作者将其用于申报项目，负有不可推卸的责任，本人也存在重复发表学术论文等问题。

9. 北京大学博导王某某抄袭事件

北京大学博士生导师王某某1998年出版的著作《想象的异邦》共32万多字，却有10万字左右来自他自己所翻译的哈维兰的《当代人类学》。王某某曾留学英国8年，近年来"著述甚丰"，曾在13个月内出版了11本书。此事发生后，北大迅速组成调查组进行调查，最后决定免去他担任的所有职务。王某某对自己所犯的错误也"感到深深的痛悔"。

10. 合肥工业大学杨某某"抄袭事件"

合肥工业大学人工智能研究所杨某某教授、博士生导师，在人工智能研究界广为人知。2000年，一位以色列博士向一学术网站投诉，反映杨某某在一篇公开发表的论文里，几乎逐字逐句地抄袭这位博士的论文。2001年9月，合肥工业大学调查证实，截至1999年底，杨某某有6篇论文严重抄袭国外学者的研究成果。杨某某随后被开除党籍。

11. 华东理工大学胡某某抄袭事件

华东理工大学博士研究生胡某某，从 1991 年毕业留校，到晋升教授取得博士生导师资格，只用了两年时间，成为当时全国最年轻的博导之一。1997 年，他在博士毕业论文里剽窃他人成果的丑闻被公开揭露。据调查，他将国外科学家送他阅读的尚未公开发表的论文的精彩内容攫为己有，再加上其他科学家的专著内容，拼凑成自己的博士论文。"胡某某事件"还引发了其院士导师的学术道德问题和经济违法行为，导致这位院士被除名。涉嫌抄袭 40 篇论文，被开除党籍。

12. 井冈山大学百篇论文被撤事件

2009 年底，国际学术期刊《晶体学报》在其网站上公布，中国井冈山大学化学化工学院的讲师钟某、工学院讲师刘某，两年内在该刊物发表的 70 篇文章存在造假，一次性予以撤销，并将该校列入黑名单。随后，井冈山大学对两名当事人予以停职调查，立即撤销当事人有关学术成果，追缴已发放的相应奖励。不过，2010 年 3 月，撤稿的"续集"再次上演，该校又有 39 篇文章被撤销。

13. 同济大学杨某造假事件

2004 年 9 月，同济大学通过公开招聘，聘任美籍华人学者杨某为生命科学与技术学院院长、教授。2005 年 3 月，在有关博士点的申报材料中，一篇 2004 年发表于《肿瘤》杂志的论文被列入杨某作为第一作者的论文清单。经查证，该论文并非杨某的成果。文献检索所显示的 "J. Yang"，不是 "Jie Yang"，而是 "Jun Yang"。杨某在《肿瘤》杂志刊出的论文是在填写申报材料之后，而且杨某是第二作者。2005 年 7 月，杨某在申报长江学者特聘教授候选人的申请材料中，再一次将 Jun Yang 在《肿瘤》上发表的论文列入自己的成果清单。2006 年 3 月，杨某在申报国家自然科学基金重点项目的材料中，将他人承担的国家"十五"攻关项目子课题列入其承担的科研项目栏目。2006 年 3 月 21 日，学校正式免去杨某院长的职务。6 月 20 日，同济大学宣布终止与生命科学与技术学院院长杨某的聘用合同，并解除其该校教授任职职务的聘任。

7 煤矿安全领域新技术

7.1 厚煤层采煤方法新技术

7.1.1 厚煤层采煤方法的分类

我国针对厚煤层的典型的采煤方法有两种：

（1）分层开采。

（2）整层开采。

整层开采又有三种方法：

（1）放顶煤。

（2）大采高。

（3）大采高综放。

7.1.2 采煤方法新技术——大采高综采

大采高综采较综放有以下优点：

（1）大采高采煤法工作面及进风巷和回风巷过风断面大，通风阻力小，容易配风，风量大（断面的增大使工作面风量增 $20 \sim 30 \ m^3/s$），回风上隅角的瓦斯容易被稀释掉。

（2）大采高采煤法工作面主要产尘源就是机组割煤，只要加强机组内外喷雾，在提高机组喷雾的雾化程度的情况下加适当比例的降尘剂，并利用抽放钻孔进行煤尘注水，降尘效果会更好。

（3）大采高采煤法利用大功率高效能重型成套机电设备，移架速度快。

（4）工作面直接生产成本低，经济效益好。

（5）大采高采煤法的采煤工艺单一，管理简单。

（6）工作面可靠性高，采、装、运和支护设备综合开机率达 90% 以上。

（7）可提高工作面采出率。

大采高工作面存在如下问题：

（1）若采高大，易片帮，增大了工作面冒顶的概率，影响产量和生产安全。

（2）工作面的机动性变差，对地质条件的适应性差，资源损失增大。

（3）设备更大型化、复杂化，维护量和管理难度增加。为实现高产，大采高工作面的采煤机等主要设备目前需要引进，设备投资大。

（4）对巷道断面要求比较高，掘进工程量大，掘进成本高。

（5）对管理水平及工人操作技能要求高。

7.1.3 采煤方法新技术——大采高综放

我国具有相当大一部分煤田煤层厚度大于 15 m。对于大于 15 m 的特厚煤层开采，目前传统的采煤方法有两种：①分层综采；②分层放顶煤。就分层综采而言，对于一个厚度大于 15 m 的特厚煤层分层综采需 5～6 个分层，即使采用分层放顶煤也需 2～3 个分层。上述两种采煤方法有其共性即分层。分层开采有很大弊端：目前分层开采均留设顶、底煤皮，资源回收率低，而且下分层开采时巷道维护困难、工作面搬家频繁等增加开采成本，而且上分层采空区会留残煤、积水、积气给下分层开采增加许多安全隐患。

大采高综放可以有效地克服上述两种采煤方法的缺点，而且有其自身的优点：①放煤自由空间大，有利于顶煤的冒落；②可增大通风断面，降低风阻，有利于工作面安全生产；③可提高采出率，有利于提高资源回收率；④为充分利用当前大功率采煤机与输送机创造了条件；⑤可以打造千万吨级工作面，实现高产高效；⑥对煤层厚度大及地质条件复杂的煤层适应性强等优点。

主要研究内容：①采高综放工作面顶煤变形规律及特点；②大采高综放支架—围岩关系；③大采高综放工作面煤壁片帮及端面冒顶控制；④大采高综放顶煤冒放性研究。

7.2 绿色开采新技术

7.2.1 煤矿绿色开采技术——生产现状

我国目前的煤矿生产是在以下两种情况下进行：一是生产成本不完全。如投入不足，技术装备落后，安全设施欠账，工人工资太低。二是相关费用支付不全。如矿产资源费以及植被恢复，地面塌陷与水损失污染治理等。为此中国矿业大学钱鸣高院士提出并形成绿色开采技术，目的是使我们正视开采对环境造成的影响和破坏，并有清醒的认识与足够的估量，以便提出必要的对策和对政府提出必要的政策建议。

7.2.2 煤矿绿色开采技术——环境问题

煤炭开采形成的环境问题为以下三个方面：①对土地资源的破坏和占用。煤炭开采对土地资源的破坏损害，井工开采以地表塌陷和矸石山压占为主，而露天开采则以直接挖损和外排土场压占为主。②对水资源的破坏和污染。煤炭开采过程中，进行的人为疏干排水和采动形成的导水裂隙对煤系含水层的自然疏干，破坏了地下水资源，同时开采还可能污染地下水资源。③对大气环境的污染主要来自矿井排出的煤层瓦斯和煤矿矸石山的自燃。

图 7-1 地面塌陷效果图

7.2.3 煤矿绿色开采技术——实例

以山西省为例，1949—1998 年共生产原煤 46 亿多吨，地面塌陷破坏面积达 100 多万亩（图 7-1），其中 40% 是耕地，矸石山占地 3 万多亩。至 1998 年煤炭地下采空面积达 1300 km²。煤破坏地下水 4.2 亿，地表水逸流减少，导致井水水位下降或断流共计 3218 个，影响水利工程处、水库 40 座、输水管道造成 433 个村庄，812715 万人，108241 万头牲畜饮水困难，使本来缺水的山西环境受到进一步破坏。

7.2.4 煤矿绿色开采技术——技术途径和措施

1. 减少井下排矸量的有效措施

（1）煤矿生产进行总体合理规划。

（2）改革巷道布置方式，减少岩巷掘进量：①全煤巷开拓方式，除主要硐室外，所有巷道均布置在煤层中；②利用自然边界划分矿井和采区；③施行搭配开采（薄厚搭配、煤种搭配）；④取消岩石集中巷。

（3）合理选择采煤方法及生产工艺。

（4）矸石充填不出井。

2. 减少井下废气、粉尘污染的措施

（1）井下抽放瓦斯综合利用（减少瓦斯涌出量的同时可以进行瓦斯二次利用）。抽放分为本煤层抽放、邻近层抽放、采空抽放、钻孔抽放、巷道抽放、综合抽放。

（2）井下粉尘防治。今后一个时期，在我国主要研究解决厚及特厚煤层注水工艺技术及配套装备。

（3）井下防灭火技术（阻化剂、黄泥灌浆、注凝胶、均压防灭火、注氮、束管检测系统）。

3. 煤矿污水处理技术

（1）矿井水分类排放（岩溶水、矿井污水）。

（2）水采矿井的闭路循环。

（3）煤矿用化工材料污染治理（例乳化油）。

目前，为了防止乳化液污染水主要从以下几个方面着手：①通过开发新液压传动介质代替乳化液，同时降低或除去原乳化油中的矿物油，并选择易于被生物降解的添加剂，减少乳化油对环境的污染；②研究开发水介质单体液压支柱，完全不用乳化油；③完善各类用油设备的密封性能，防止石油产品泄漏。

4. 建筑物下采煤与减沉技术

基于岩层控制的关键层理论提出，可将保证覆岩主关键层不破断失稳作为建筑物下采煤设计的基本原则。为了保证建筑物下采煤具有较好的经济效益，同时又确保地面建筑物不受到损害，关键在于根据具体条件下覆岩结构与关键层特征来研究确定合理的减沉开采技术及参数。确定覆岩中的关键层位置，掌握其离层与破断特征参数，是注浆减沉技术应用可行性分析、钻孔布置与注浆工艺设计及减沉效果评价的基础。（通过向开采煤层上覆岩层的离层带内打孔，并向其空隙中注入泥浆，可以减缓地表下沉。该项技术已经进行了工业性试验，其效果比水沙充填减少了 30% ~60%，最大下沉速度保持在 0.5 mm/a）

5. 采空区充填开采技术

采空区充填开采技术是绿色开采技术的重要组成部分，尤其在经济发达地区解决建筑物下开采更应受到重视。从理论上来说，充填采矿是解决煤矿开采环境问题的理想途径，但由于目前充填采矿的成本相对偏高，限制了该项技术在煤矿的试验与应用。

在市场经济条件下，充填技术的关键是充填材料的选取及如何降低成本。另外就是充填技术本身，它应该包括充填系统与开采系统的协调；充填运输系统的畅通；充填后材料的力学特性等。顺利解决上述问题将根本改变将来我国经济发达区域的开采技术。

6. 煤与瓦斯共采

我国煤层普遍具有变质程度高、渗透率低和含气饱和度低的特点，70% 以上煤层的渗透率小于 1×10^{-3} μm，这对我国开展煤层瓦斯采前预抽是极为不利的。正因为如此，我国已钻的 200 多口采前地面煤层气井中，稳产高产井很少，单井产量超 3000 m³/d 的也只有约 30 口。实践表明，一旦煤层开采引起岩层移动，即使是渗透率很低的煤层，其渗透率也将增大数十倍至数百倍，为瓦斯运移和抽放创造了条件。因此若在开采时形成采煤和采瓦斯两个完整的系统，即形成"煤与瓦斯共采"的技术，则不仅有益矿井的安全，而且采出的还是洁净能源。因此在开采高瓦斯煤层的同时，利用岩层运动的特点对煤层气进行开采将是我国煤层气开发的一条重要途径。

7. 煤炭地下气化

煤炭地下气化是一种整体绿色开采技术。它是将地下煤炭通过热化学反应在原位将煤炭转化为可燃气体的技术，是对传统采煤方式的根本性变革。不仅极大地减少了井下工程及艰苦作业，而且消除了煤炭开采对环境的污染和煤炭燃烧对生态环境的不利影响和危害（复采、薄煤层）。目前常见的煤炭地下气化的方法包括：①无井式气化方法就是用钻孔代替井筒，然后贯通两个钻孔，并点燃形成火道，进行"燃烧"，通过燃烧使煤炭气化。②火力贯通方法是在煤层中用燃烧源烧穿两钻孔间煤层，使煤炭气化。③电力贯通方法是在两钻孔中放入电极，利用电能的热效能烧穿，使煤炭气化。④定向钻进通道。⑤水力压裂贯通。

7.3 煤矿瓦斯防治新技术

1. 瓦斯抽放技术

（1）下列情况之一，须建立瓦斯抽放系统：①回采面绝对涌出量大于 5 m^3/min，掘进面绝对涌出量大于 3 m^3/min；②矿井绝对涌出量大于 15 m^3/min，年产量不大于 40 万吨；矿井绝对涌出量大于 20 m^3/min，年产量不大于 60 万吨；矿井绝对涌出量大于 25 m^3/min，年产量不大于 100 万吨；矿井绝对涌出量大于 30 m^3/min，年产量不大于 150 万吨；矿井绝对涌出量大于 40 m^3/min；③开采具有煤与瓦斯突出矿井。

（2）本煤层瓦斯抽放难易程度评价。透气性系数 λ 测定：首先测定煤层瓦斯原始瓦斯压力，然后测定不同暴露时的钻孔瓦斯涌出量，计算 λ；有时 λ 比较难测，故还可用比较直观简单易测的钻孔涌出量随时间衰减系数（d^{-1}）来判断瓦斯抽放难易程度（表 7-1）。

表 7-1　煤层瓦斯抽放难易程度表

类　别	钻孔流量衰减系数/(d^{-1})	煤层透气性系数/($m^2 \cdot MPa^{-2} \cdot d^{-1}$)
容易抽放	<0.003	>10
可以抽放	0.003 ~ 0.05	10 ~ 0.1
较难抽放	>0.05	<0.1

①顺层钻孔抽放。在预抽煤层内平行工作面或倾斜迎向工作面打钻孔进行抽放。

②网格式穿层钻孔。由其他岩、煤巷向预抽煤层打穿层钻孔且为保证预抽效果，见煤点呈网格式布置。

③交叉钻孔。在预抽煤层内，采用平行工作面和倾斜迎向工作面两种钻孔，且两种钻

孔在空间上相互交叉的布置方式。

④本煤层长钻孔。在预抽煤层内为提高单孔抽放效果打平行或垂直工作面的长钻孔（＞200 m）进行抽放。

⑤扩孔钻预抽瓦斯。为增大钻孔的卸压效果，对钻孔直径进行两次加大，但孔口封孔段不扩大而进行的抽放。

⑥水力化处理强化抽放。对钻孔采用压裂、割缝、扩孔等水力化处理，提高瓦斯抽放效果的预抽方式。

⑦控制爆破强化抽放。采用控制爆破松动煤体处理钻孔，提高瓦斯抽放效果的预抽方式。

（3）邻近层瓦斯抽放。

①上、下邻近层瓦斯抽放。向上、下邻近层的适当位置（裂隙带内）打钻孔，在工作面推进后抽放受采动影响的邻近层瓦斯。

②顶板岩石长钻孔。减少钻孔工程量和维护量，在工作面上方适当位置（裂隙带内）沿工作面推进方向打岩石长钻孔，进行邻近层抽放方法。

③顶板岩巷。a）倾向顶板岩巷：解决了上向斜交钻孔抽放量相对较少、不能满足要求的问题，具有较大抽放量和较高抽放率。b）走向顶板岩巷：解决了走向岩石钻孔抽放量相对较少、不能满足要求的问题，也具有较大抽放量和较高抽放率。

（4）采空区瓦斯抽放。

①封闭式采空区瓦斯抽放。向采空区内打钻或埋管，实施负压抽放。

②开放式采空区瓦斯抽放。向采空区内打钻或埋管，但由于采空区与矿井大气相连通，因此在抽放过程中要通过有效地控制抽放量和抽放负压，来控制抽放系统的瓦斯浓度。

③综放工作面利用矿井通风系统均压引导抽放采空区瓦斯。对高瓦斯综放工作面，通过调整系统风压，保证工作面风压始终高于采空区风压，使瓦斯不向工作面涌入而流向采空区，从而被矿井抽放系统抽走。

2. 局部瓦斯积聚防治技术

（1）脉动通风机。采用脉动通风机设备，增大采、掘工作面风流的紊流度，使瓦斯较好地混合于风流中，防止瓦斯积聚。

（2）抽出式无火花风机。利用抽出式风机抽放积聚的瓦斯。

（3）小型液压风机。在局部瓦斯积聚处，采用无电源的液压风机，混合瓦斯和风流，防止瓦斯积聚。

（4）引射器。在局部瓦斯积聚处，采用水力或风力引射器，混合瓦斯和风流，防止瓦斯积聚。

（5）盲巷积聚瓦斯排放。全自动巷道瓦斯排放自控装置，利用计算机和传感技术，实现盲巷瓦斯排放全部自动化。

（6）移动泵站。在局部瓦斯积聚处，利用一定技术手段和移动泵站进行瓦斯抽放，减少局部瓦斯涌出，防止瓦斯积聚。

3. 煤与瓦斯突出防治技术

（1）区域突出危险性预测。

①瓦斯地质统计法。根据已开采区确切掌握的突出分布规律来进行预测，一般原则：上水平发生过一次突出的区域，下水平垂直对应区域为突出危险区；上水平地质构造两侧发生突出的最大区域，下水平下部采区构造两侧的对应区域为突出危险区。

②综合指标法。考虑突出发生发展的三个主要因素，利用如下指标来判定：

$$D = \left(0.0075 \frac{H}{f} - 3 \right)(P - 0.7f)$$

$$K = \frac{\Delta P}{f}$$

式中　　D——煤层的突出危险性综合指标；

　　　　K——煤的突出危险性综合指标；

　　　　H——开采深度，m；

　　　　P——瓦斯压力，MPa；

　　　　ΔP——软分层煤的瓦斯放散初速度指标；

　　　　f——软分层煤的平均坚固性系数。

当无烟煤 $D \geq 0.25$、$K \geq 20$，其他煤种 $D \geq 0.25$、$K \geq 15$ 时为突出危险区。

③以地质指标为主的区域预测。认为构造煤的发育是煤与瓦斯突出的必备条件；压性、压扭性构造活动和部位是造成煤与瓦斯突出的根源；深层构造陡变带、深层活动断裂带、逆冲推覆构造带、强度变形带是发生煤与瓦斯突出的敏感地带。

④物探法预测构造和突出危险区。在规范瓦斯地质统计法和综合指标法的同时，利用电磁波透视和透视系统探测构造，进行区域突出危险性预测。

（2）工作面突出危险性预测。

①指标法：选择与突出三因素有直接关系且简单易测的指标来进行工作面突出危险性预测。具体的预测指标包括：

煤钻屑瓦斯解吸指标 Δh_2、K_1：主要与瓦斯压力和煤自身的瓦斯放散特性有关。其中判定突出危险性的临界值为

$\Delta h_2 \geq 200$ Pa，$K_1 \geq 0.5$（干煤）；

$\Delta h_2 \geq 160$ Pa，$K_1 \geq 0$。

钻屑量 S：主要与地应力和煤体强度有关，$S \geq 6$ kg/m 或 $S \geq 5.4$ L/m，就表示煤层工作面有突出危险；

钻孔瓦斯涌出初速度 q：主要与瓦斯压力（含量）、煤的瓦斯放散特性和煤层透气性有关。q_m 表示不同挥发分下，工作面具有瓦斯突出危险性的临界值（表7-2）。

表7-2　不同挥发分下工作面具有瓦斯突出危险性的临界值

煤的挥发分 V_{daf}/%	5~15	15~20	20~30	>30
q_m/(L·min^{-1})	5.0	4.5	4.0	4.5

$q \geq q_m$ 表示煤层有突出危险。

②R 值法：主要与地应力、瓦斯压力（含量）、煤体强度、煤的放散特性和煤层透气

性有关。

$$R = (S_{max} - 1.8)(q_{max} - 4)$$

式中　S_{max}——每个钻孔沿孔长最大钻屑量，L/m；

q_{max}——每个钻孔沿孔长最大瓦斯涌出初速度，L/(m·min)；

$R \geqslant 6$，表示有突出危险。

（3）声发射法工作面突出危险性预测。

依据煤体破坏前要发生一定量的声响，在工作面连续监测前方的声响情况，利用监测到的单位时间内发生声响的事件数、最大振幅等与突出危险性的关系来进行预测。

（4）磁辐射法预测突出。

依据含瓦斯煤体变形破坏过程中要有电磁辐射产生，利用监测到的电磁辐射强度等与突出危险性的关系来进行预测。

（5）瓦斯涌出动态法预测突出。利用掘进工作面爆破后瓦斯涌出量变化来预测突出。

（6）区域性防突技术措施。

①大面积预抽瓦斯。大面积范围内通过预抽瓦斯，降低瓦斯压力和含量，同时引起煤层收缩变形、地应力下降、透气性增高、地应力和瓦斯压力梯度降低、煤体强度增加，消除突出危险（网格式钻孔和顺煤层长钻孔）。

②措施有效性指标。预抽后瓦斯残存量小于始突深度瓦斯含量；抽放率大于 25%，但采掘作业时应对防突效果经常检验复查。

（7）开采保护层。

使上、下煤层发生变形、位移、卸压、透气性增大，瓦斯排放后，瓦斯含量、压力下降、煤体变硬，突出危险性消失。保护层的保护范围：上、下、倾向、走向，《煤矿安全规程》有具体规定。

（8）石门防突措施。

①石门大直径卸煤配合金属骨架措施：石门上方架设金属骨架，岩柱内 ϕ150 mm 钻孔，煤层内 ϕ500 mm 卸煤钻。②高压水射流扩孔：采用高压水细射流环缝卸压，排放瓦斯。③排放钻孔：在石门工作面一定范围内实施一定数量的钻孔，排放瓦斯。

（9）工作面防突措施。

①超前钻孔（包括大直径钻孔）：在工作面前方，实施一定数量钻孔，并在前方一定距离内始终保持有一定数量的钻孔，达到排放瓦斯、卸压的目的。②深孔松动爆破：利用深孔炮眼形成煤体松动的爆破，增加透气性，排放瓦斯。③水力冲孔：利用措施超前距和架设的迎面支架为屏障，采用高压水射流冲刷出一定量的煤体。④钻掘一体化技术：在掘进机上利用其动力系统安装驱动手用钻机，实施超前钻孔措施。⑤割掘一体化技术：在掘进机上安装切割钻具，利用其自身的动力系统，在工作面前方割出卸压槽措施。

（10）安全防护措施。①震动爆破：石门揭煤时，在确保人员安全的条件下，诱导突出的一种安全保护措施。《煤矿安全规程》做了非常具体的规定。②长距离爆破：在爆破震动时，须留有万一突出时安全有效的缓冲距离，进行爆破作业。③反向风门：爆破时，控制突出时风流、瓦斯流向，保证人员安全的设施。④压风自救系统：保证万一突出时，井下人员能呼吸到压风系统的空气，实现自救，井下避难所，采掘面等都必须安设。⑤化学氧自救器：保证万一突出时，井下人员能短时间内实现自救（呼吸到自救器产生的氧），每人都必须佩带。

7.4 煤矿安全技术新成果

1. 高产高效工作面瓦斯预测技术及装备

建立了动态分源瓦斯涌出预测方法；研制了井下快速测定煤层瓦斯含量和压力的自动化测试仪器装备；动态分源预测法的预测准确率达 85% 以上，瓦斯含量测定仪结果准确率大于 90%。

成果完成单位：煤科总院抚顺分院。

成果应用地点：平煤集团。

2. 综掘工作面瓦斯预测技术

综合考察了巷道煤壁瓦斯涌出、落煤瓦斯涌出、不正常涌出等因素建立了数学模型；建立的综掘工作面瓦斯涌出量预测方法，瓦斯涌出量预测准确率达 85% 以上。

成果完成单位：煤科总院抚顺分院。

成果应用地点：平煤集团。

3. YBW – I 型无电源触发式抑爆装置

火焰传感器采用硅光电池组，利用光电转换将爆炸信息传感与触发能量有机结合起来，解决了装置的电源问题，无须外部电源供电。

主要技术指标：传感器的响应时间：＜1 ms；抑爆装置动作滞后时间：＜10 ms；最佳水雾形成时间：150 ms/10m²；水雾存在时间：＞500 ms；抑爆距离（距爆源）：25 ~ 45 m。

成果完成单位：煤科总院重庆分院。

成果应用地点：平煤十矿、永荣局。

4. KYG 型快速移动式隔爆棚

采用组合棚架结构、点式固定、利用简易轻轨移动；研制了 XGS 隔爆棚，提高了隔弱爆炸效果。

主要技术指标：①移动一次是固定式隔爆棚所需工时的 1/3，约 2 个小时；②动压大于 10 kPa 时，棚组能动作并形成较佳水雾；③距爆源有效隔爆距离 60 ~ 160 m；④安装成本比固定式隔爆棚低 24%；⑤隔爆装置容水量：60 kg/个。

完成单位：煤科总院重庆分院。

应用地点：平煤集团。

5. ZBY – S 自动产气式抑爆装置

传感器采用火焰传感器与压力传感器组合，提高了可靠性；抑爆装置的喷洒器、传感器可以安装在掘进机上，不影响采掘作业；使用、操作简单；装置的控制部件与喷洒器装为一体，安全、可靠，控制部件由电池供电，使用、维护方便；瓦斯、粉尘燃烧爆炸的抑爆试验表明，自动抑爆装置抑爆性能可靠。适用于 10 m² 断面条件下，10 m 近距离内。

技术指标：喷粉滞后时间：＜15 ms；成雾时间：＜150 ms；粉雾存在时间：≥1 s。

完成单位：重庆煤科分院。

6. 矿井突出危险区域预测技术及装备

研制了 BQT－E 型突出煤层电磁波透视系统，探深 500 m，分辨落差大于 1.5 m 断层，直径大于 20 m 瓦斯富集区等地质异常；探测总精度大于 75%。研究了一套电磁波透视技术同综合指标法、瓦斯地质统计相结合突出危险性区域预测方法。确定了平顶山十矿戊组煤突出危险区域预测的电磁波衰减指标临界值。

完成单位：煤科总院重庆分院。

应用地点：平煤集团。

7. 突出危险区域预测瓦斯地质方法与指标

证实了煤与瓦斯突出与煤体结构存在密切关系。定量评价了井田地质构造的复杂程度，提出了突出预测的构造指标临界值，形成了一套矿井突出危险区域预测的瓦斯地质方法；提出了突出危险区域预测的瓦斯地质指标；预测无突出危险区的准确率为 100%。

完成单位：河南理工大学。

应用地点：平煤集团。

8. 突出危险性实时跟踪预测技术及装备

以声发射及瓦斯涌出量为主要参数；开发 AE 声发射传感器和系列分站，形成了 KJ54 系统软、硬件系统；研究了滤除声发射干扰信号、自动寻找突出危险判据及临界值的专家系统；工作面突出危险性实时跟踪预测系统软件和硬件。

完成单位：煤科总院重庆分院。

应用地点：平煤集团。

9. 掘进工作面防突综合配套技术

应用地质雷达和电磁辐射技术非接触式探测工作面前方构造和突出危险，防爆地质雷达能探测工作面前方大于 60 m 范围内的地质构造，电磁辐射技术预测工作面前方 7～12 m 地质异常，研制了 QFZ－22 轻便型防突钻机。

完成单位：煤科总院重庆分院。

应用地点：平煤集团。

10. 电磁辐射法预测突出危险性技术及装备

监测含瓦斯煤岩变形破裂过程中的电磁辐射信息及其变化趋势实现对煤与瓦斯突出等煤岩灾害动力现象的预测预报；研制了 KBD5 矿用本安型煤与瓦斯突出（冲击矿压）电磁辐射监测仪；监测指标为电磁辐射强度和脉冲数两个参数；除采用超限自动报警外，还提出了动态趋势法预警。

完成单位：中国矿业大学。

应用地点：平煤集团、焦作、邢台徐州等。

11. 采空区瓦斯抽放工艺与自控装置

研究了采空区瓦斯涌出量及瓦斯浓度分布规律，针对该规律，确定了抽放采空区瓦斯的工艺方法和最佳抽放位置，使得采空区瓦斯抽放率达 57.02%。同时研制了大直径菱镁管为埋管用管材，管径 150～2000 mm，抗拉强度为 51.00 MPa，抗压强度为 25.7 MPa，抗冲击强度 2.05 MPa·m；最后，基于以上研究，研制了抽放瓦斯自控装置。

完成单位：煤科总院抚顺分院。

应用地点：抚顺局。

12. 小型液压通风机处理上隅角瓦斯积聚技术

研究了采空区和上隅角瓦斯浓度分布、涌出规律；液压通风机采用阻燃抗静电玻璃钢，液压马达，轴流式，风量为 60 m³/min，风压为 500 Pa，出口风速大于 10 m/s；配有瓦斯浓度传感器，实现报警、显示和实时监控等功能；采用独立的小型液压泵站驱动，吹排上隅角的积聚瓦斯。

完成单位：煤科总院抚顺分院。

应用地点：平煤集团。

13. 无火花风机引排上隅角瓦斯技术及装置

上隅角瓦斯自动引排系统与无火花风机能自动调控进入通风机和压入端风筒的瓦斯浓度，确保瓦斯浓度不超过 3%。

主要技术经济指标。瓦斯浓度监测范围：0 ~ 4%；瓦斯浓度控制限量：≤3%；瓦斯引排量：≤8 m³/min；瓦斯引排距离：≤1800 m。

完成单位：煤科总院重庆分院。

应用地点：平煤集团、永荣局。

14. 脉动通风治理上隅角瓦斯积聚技术

提出了双旋转脉冲风流治理上隅角积聚瓦斯及局部积聚瓦斯的新理论，具有"柔性排放瓦斯"特性。利用综采面液压支架的高压"乳化液"作为驱动动力，叶轮采用具有抗静电、阻燃性能的工程塑料。

主要技术经济指标。风量：40 ~ 90 m³/min；脉动频率：0.2 ~ 5 Hz，无级可调；扩散系数较常规风流提高 2 ~ 4 倍以上；有效作用范围：20 m；高压乳化液的压力为 20 MPa，耗液量 20 L/min。

完成单位：中国矿业大学。

应用地点：平煤集团。

15. 热敏电缆监测带式输送机火灾技术装备

PN 结温度传感器组合连接，根导线连接 $n(n-1)$ 个 PN 结温度传感器；单片机控制对 PN 结温度传感器分时供电处理技术；复用电话线通信技术，使井下基站和地面总站之间的数字通信可借助已有电话线进行。

技术指标。①温度检测范围：0 ~ 150 ℃；②温度显示精度：0.1 ℃，绝对误差：±1.5 ℃；③在 100 ℃温度下响应时间：<6 s；④火源位置探测误差：≤2 m，报警准确率：100%；⑤每个总站监测温度点数：≤12544 个，监测距离：<5 km；⑥基站至总站传输距离：<10 km；⑦巡检时间（≤12544 点）：<90 s。

完成单位：煤科总院抚顺分院。

应用地点：抚顺矿务局。

16. 矿用分布式光纤温度监测系统

利用激光伽马散射原理，温度与伽马散射强度成正比；研究了激光雷达及信号处理软件技术，光纤敷设方法及保护技术，危险温度源定位、故障温度场分布规律以及高频噪声屏蔽等关键技术；开发了矿用分布式光纤温度监测系统，可实时、连续监测传感光纤敷设沿线空间的温度变化，具有实时直观显示、报警、输出及危险温度点定位等功能。

技术指标。测温距离：≤6 km；温度测试范围：0~120 ℃；空间分辨率：自由展开光纤6 m；温度测温精度：满量程时<±5 ℃；测温时间：<70 s。

完成单位：煤科总院重庆分院。

17. 岩石长钻孔成孔设备及工艺

研制了 MK-6 型全液压坑道钻机，具有解体性好、便于运输、调速范围大，功率利用率高；联动操作起、下钻具速度快；工作可靠，处理事故能力强等优点；研制的 φ89 mm 高强度外平钻杆与钻机的大扭矩、大起拔力相适应；采取复合片钻进加稳定组合钻具完成先导孔、二次扩孔成孔工艺；用 35 天时间在阳泉一矿 4108 工作面顶板的中砂岩层中完成 603.5 m 和 508.2 m 的钻孔各一个，成孔直径为 153~193 mm，终孔位置的偏差小于孔深的 1%。

完成单位：煤科总院西安分院。

18. 突出煤层长钻孔预抽本煤层瓦斯技术

采用 ZSM250 型钻机，风力排渣和多级组合钻头，减弱了高瓦斯、突出煤层垮孔、喷孔的程度。

考察了顺层长钻孔用于区域性防突的工艺技术和效果，用倾向和条带顺层长钻孔等抽放方式实现了同时消除掘进和采煤工作面的突出危险。

主要技术指标：①突出煤层顺层长钻孔的成孔长度达到了 239.6 m；②突出煤层的预抽率达到了 32%。

完成单位：煤科总院重庆分院。

应用地点：芙蓉矿务局。

19. AZF-01 型呼吸性粉尘采样器

研制出了呼吸性粉尘分离效能符合 BMRC 国际标准曲线的水平淘析器；解决了采样流量随采尘量的增加而导致的流量下降的问题；双薄膜泵加稳流装置的抽气系统具有采样流量稳定、负载能力大的特点。

技术指标。①呼吸性粉尘测定范围：1~300 mg/m³；②准确度：≤±10%；③采样流量：3.5 L/min；④负载能力：≥1000 Pa；⑤连续工作时间：≥16 h。

完成单位：煤科总院重庆分院。

20. KG9801 型智能低浓度沼气传感器

采用高性能的载体催化元件，使传感器的整机性能稳定、可靠，元件工作寿命提高到一年半，调校周期延长至三周；采用单片微机，使传感器硬件电路简单，集成度高，抗干扰能力强；加强了催化元件的保护措施，较好地防止了元件被激活现象的产生；设计有专用调零装置，使井下调校不需要新鲜空气；传感器功耗低，供电距离可达 2.5 km；热催化元件寿命为一年半。

完成单位：煤科总院重庆分院。

21. 多功能阻爆灭火装置

该装置是对原有阻爆灭火装置的完善提高；提高了泡沫的稳定性，使惰泡稳定时间大于 300 min；研制成功产惰气量在 150 m³/min 的惰气发生装置主机，改进了装置的联结机构，减少了装置本身外泄惰气量，改善了操作人员的工作环境；降低了惰气中的 CO 含量；在水降温的基础上，采用液态二氧化碳降温系统。

技术指标：产惰泡量＞70 m^3/min；燃油惰气氧含量＜3%；惰气出口温度＜40 ℃；产惰气量＞150 m^3/min；泡沫输送距离平巷 300～500 m。

完成单位：煤科总院抚顺分院。

22. KTW2 型矿用救灾无线电救灾通讯装置

KTW2 型矿用救灾无线电通信装置由便携机、中转机、井下指挥机、音控装置、扩音机、井上指挥机以及探险绳等组成，可形成有线与无线救护网，在抢险救灾中实现井上指挥机、井下指挥机、救护队长、救护队员等四方通信。

技术指标：救灾无线电通信服务区域 500～1000 m；非救灾通信服务区 10 km；允许 2～10 人相互通信。

完成单位：煤科总院常州自动化所。

23. 矿井救灾辅助决策系统及风流控制技术

风流远程控制系统由救灾决策软件、风门控制器、风门机械传动机构、不间断电源、电磁阀和矿井环境监控系统组成；救灾决策软件具有火灾模拟分析、选择最佳避灾路线、推荐控风灭火方案的辅助决策功能；井下风门的开启以压气作为动力源，通过矿井环境监控系统传送控制命令，能在灾变时期断电 2 h 内正常操作，当地面发出指令后，1～3 min 内完成风门的开启或关闭操作。

完成单位：中国矿业大学。

24. 综放无煤柱开采防漏风技术

开发了以粉煤灰为骨料的速凝凝胶料和轻质发泡料；研制成功了井下移动式喷注设备；在兖矿集团应用，堵漏风效果显著。

完成单位：兖矿集团、煤科重庆分院。

（粉煤灰凝胶成胶时间为 0.5～30 min 可调，成本低；发泡料粉煤灰掺量为 30%，初凝时间为 5 s，发泡倍数为 2.3，泡体抗压强度不小于 3 MPa）

25. 综放无煤柱开采均压通风动态监测系统

研制了均压通风动态监测系统，可实时测定环境参数，自动生成实时压能图、趋势图及压力坡度图，超限报警，对井下均压状态实时查询；研究确定了矿井均压通风风压调节优化方法，可及时给出均压调节方案。

完成单位：兖矿集团、抚顺煤科分院。

26. 巷道自然发火机理与防治技术

研究提出了煤氧复合多级反应模型；提出了煤自燃性、耗氧速率和放热强度的测算方法；提出了煤自燃极限参数、临界参数和发火期确定方法；开发了复合胶体防灭火材料和注胶设备。

完成单位：兖矿集团、西安科技大学。

27. 综放工作面煤层注水技术

研制了由流量和压力传感器、比例控制阀、计算机、泵、液压系统组成全自动控制的注水系统，可根据煤层裂隙中水的渗透情况自动调节注水参数，提高了注水效果；采用石膏水泥砂浆水平封孔，解决了水泥砂浆收缩漏水问题。

完成单位：兖矿集团、重庆煤科分院。

28. 综放面负压二次降尘技术

在理论上阐明了采煤机产尘是通过其自身产生的涡旋风流场传播、扩散粉尘的规律；采用高压引射流技术，开发了采煤机、架间、放煤口等负压二次降尘装置；支架及放煤口水压 10 MPa 以上；降尘效果好。

完成单位：兖矿集团、中国矿业大学。

29. KJB 型箕斗防坠抓捕器

利用拉削阻力作为容器防坠制动力，四把拉刀产生的拉削阻力同时作用；正常情况下，四把拉刀被拨杆拉向远离轨道；断绳时，由于蓄能弹簧作用下，拉刀在基座斜面作用下，切入轨道产生拉削阻力。

完成单位：中国矿大、邢台矿业集团。

30. KJF2000 矿井安全生产综合监控系统

由中心站、局域网、远程数据终端、通信接口装置、分站、多路电源、远程断电器、传感器及各类软件组成；除具备生产环境参数监控外，还可与火灾早期预报系统、皮带火灾监测系统抽放泵站监测系统以及风电闭锁系统兼容；系统软件采用了多线程、多进程实时并发处理技术，系统具有联网能力和数据开放性。

完成单位：抚顺煤科分院。

31. 高效节能防爆矿用对旋式主通风机

采用三元流动理论和先进的 CAD 技术；叶片采用机翼型中空扭曲结构；结构优化设计，改善了电机轴承散热条件；设计了高效专用电机，效率达到 94.4%；在带消音器条件下，最高静压效率达 80.2%，高效区宽；噪声小于 85 dB。

完成单位：南阳防爆集团、中科院北京科能研发中心、北京科技大学。

7.5 煤矿安全新技术

1. 矿井通风系统可靠性评价技术研究

（1）矿井通风系统合理性、稳定性和可靠性的评价方法与优化改造决策技术。

（2）矿井通风系统和设施抗灾能力评价技术方法。

（3）通风系统安全可靠性评价与决策可视化软件。

（4）矿井灾变条件下，通风网络二维、三维烟流流动规律的动态分析方法与基于虚拟现实技术的灾害重现技术。

（5）结合煤矿安全监测与控制系统，建立矿井通风系统实时闭环监测、分析、决策控制系统。

2. 瓦斯灾害危险区域预测技术

（1）煤与瓦斯突出区域预测的地质指标法。

（2）煤与瓦斯突出区域预测的动力区划法。

（3）煤与瓦斯突出区域预测的计算机软件和可视化技术。

（4）煤与瓦斯突出区域预测的电磁波探测瓦斯灾害危险区技术和装备。

3. 瓦斯灾害实时监测预警技术及装备

（1）瓦斯浓度监测传感器的完善。

（2）瓦斯涌出动态监测预测煤与瓦斯突出。

（3）AE 声发射监测预测煤与瓦斯突出。

（4）电磁辐射监测预测煤与瓦斯突出。

（5）煤与瓦斯突出敏感指标与临界值确定。

4. 矿井瓦斯强化抽放技术

（1）松软低透气性煤层钻进技术。

（1）长钻孔定向钻进技术与装备（350～400 m 顺煤层钻机和 1000 m 岩石钻机）。

（3）爆破致裂、水力压裂、高压多相流切割等强化抽放技术。

5. 煤自然发火早期预测预报技术

（1）火灾气体分析法预测自然发火指标及临界值。

（2）气味分析法预测火灾的技术。

（3）热流场预测煤最短期自然发火期技术。

（4）建立煤层火灾危险性动态预测模型。

（5）自然发火危险性预测装备。

6. 地下空间火灾连续监测技术

（1）光纤连续监测技术。

（2）测温电缆连续温度检测技术。

（3）亚微离子与烟雾传感器多参数火灾连续监测技术。

7. 火源位置确定与高效灭火技术

（1）气味分析法、地质雷达法、测磁法、同位素测氡法、红外热成像法及气体分析法等高新技术，研究井下隐蔽火源探测技术。

（2）化学惰气固态泡沫等新型防灭火材料和多功能脉冲灭火技术与装备。

8. 煤矿快速救援抢险关键装备

（1）便携式井下强力照明、强力灭火、气体快速分析仪器。

（2）高清晰度灾区通信。

（3）二次爆炸防治技术。

（4）井下作业人员跟踪定位技术。

（5）大直径抢险救灾装备。

9. 煤矿安全信息化管理技术

（1）煤矿安全基础参数多媒体数据库及网络化技术。

（2）煤矿突发性灾害事故应急预案、专家决策系统以及动力灾害仿真技术。

（3）重大爆炸事故着火源判别技术。

（4）矿井灾害分级及管理划分准则。

（5）矿山重大灾害事故损失评估技术。

10. 数字矿山

数字矿山是用数字在三维空间反映和再现物质矿山的虚拟矿山。目前主体框架可分为两个层次：第一层次：矿区地理模型、矿床模型；
第二层次：嵌入用数字反映的开采、选矿、经营
管理等活动。还包括一个平台：MGIS。具体框架
如图 7-2 所示。

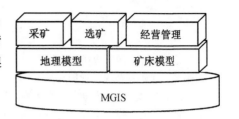

图 7-2　数字矿山的层次图

数字矿山的基本特征

（1）以高速企业网为"路网"。

（2）以采矿 CAD、虚拟现实仿真、科学计算
与可视化为"车辆"。

（3）以矿业数据和矿业应用模型为"货物"。

（4）以数据挖掘为"包装"。

（5）以多源异质矿业数据采集与更新系统为"保障"。

（6）以 MGIS 平台上开发的功能软件为"调度"。

在围绕以上 6 项基本特征关键技术支持下的一整套矿山自动化软件系统。数字矿山框
架如图 7-3 所示。

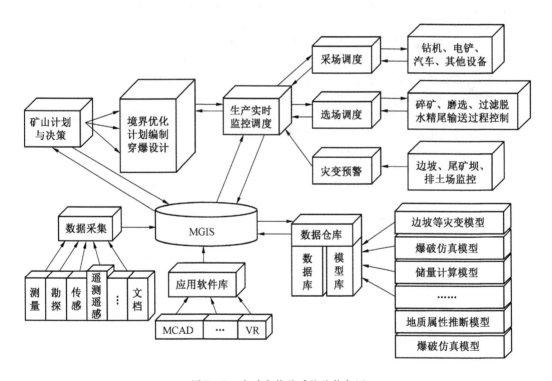

图 7-3　自动化软件系统的构架图

通过以上构架，基本能够建立数字化的矿山，实现智能感知、智能预警、智能开采
等。数字化矿山是未来发展的必然趋势，是近些年来矿山开展的一个主流研究方向。通过
数字化矿山的构建，保障开采过程中的开采安全，进而降低人员伤亡。

参 考 文 献

[1] 王显政，袁亮，等．煤矿安全规程解读［M］．北京：应急管理出版社，2016.

[2] 袁伟昊．煤矿安全现代管理［M］．北京：应急管理出版社，2013.

[3] 潘一山．防治煤矿冲击地压细则解读［M］．北京：应急管理出版社，2019.

[4] 金龙哲，汪澍．安全工程理论与方法［M］．化学工业出版社，2019.

[5] 傅贵．安全管理学—事故预防的行为控制方法［M］．北京：科学出版社，2020.

[6] 闪淳昌．公共安全管理研究［M］．北京：科学出版社，2020.

[7] 邵辉，邵小晗．安全心理学［M］．北京：化学工业出版社，2018.

[8] 范维澄，刘奕，翁文国，等．公共安全科学导论［M］．北京：科学出版社，2017.

[9] 林柏泉，张景林．安全系统工程［M］．北京：中国劳动社会保障出版社，2007.

[10] 林柏泉，张景林．安全学原理［M］．北京：中国劳动社会保障出版社，2009.

[11] 曹庆贵．安全评价［M］．北京：机械工业出版社，2016.

[12] 刘茂，王振．城市公共安全学原理与分析［M］．北京：北京大学出版社，2013.

[13] 何学秋．煤矿瓦斯治理技术与工程实践［M］．北京：化学工业出版社，2015.

[14] 贾宝山，贾廷贵．煤矿安全实用技术细节详解［M］．北京：应急管理出版社，2016.

[15] 何学秋．中国煤矿灾害治理理论与技术［M］．徐州：中国矿业大学出版社，2006.

[16] 何学秋．安全工程学［M］．北京：中国矿业大学出版社，2000.

[17] 张伟刚．科学方法导论［M］．北京：科学出版社，2019.

[18] 陈中文，袁小鹏．大学生科研导论［M］．北京：科学出版社，2008.

[19] 金振奎．科研论文写作方法与技巧［M］．北京：石油工业出版社，2018.

[20] 张洪亭．科研论文撰写［M］．北京：中国纺织出版社，2013.

[21] 赵大良．科研论文写作新解—以主编和审稿人的视角［M］．西安：西安科技大学出版社，2018.

[22] 徐有富．学术论文写作十讲［M］．北京：北京大学出版社，2019.

[23] 华乐丝（美）．如何成为学术论文写作高手［M］．北京：北京大学出版社，2015.

[24] 周淑敏，周靖．学术论文写作［M］．北京：清华大学出版社，2018.

[25] 保罗·奥利弗．学术道德学生读本［M］．北京：北京大学出版社，2000.

[26] 江新华．学术道德的本质、失范与教育［M］．武汉：华中科技大学出版社，2018.

[27] 杨云霞，高宝营．学术道德规范与知识产权概论［M］．西安：西北工业大学出版社，2016.

[28] 李振华．文献检索与论文写作［M］．北京清华大学出版社，2016.

[29] 姚洁，黄建琼，陈章斌，等．文献检索实用教程［M］．北京：清华大学出版社，2017.

[30] 孙平，伊雪峰．科技写作与文献检索［M］．北京：清华大学出版社，2018.

图书在版编目（CIP）数据

安全工程科研导论/杨小彬，赵金龙编著．－－北京：应急管理
出版社，2020

ISBN 978－7－5020－8330－4

Ⅰ．①安⋯　Ⅱ．①杨⋯　②赵⋯　Ⅲ．①安全工程—科学研究—
高等学校—教材　Ⅳ．①X93

中国版本图书馆 CIP 数据核字（2020）第 185919 号

安全工程科研导论

编　　著　杨小彬　赵金龙
责任编辑　刘永兴　尹燕华
责任校对　邢蕾严
封面设计　于春颖

出版发行　应急管理出版社（北京市朝阳区芍药居 35 号　100029）
电　　话　010－84657898（总编室）　010－84657880（读者服务部）
网　　址　www.cciph.com.cn
印　　刷　北京建宏印刷有限公司
经　　销　全国新华书店

开　　本　787mm×1092mm$^1/_{16}$　**印张**　$7^1/_2$　**字数**　170 千字
版　　次　2020 年 10 月第 1 版　2020 年 10 月第 1 次印刷
社内编号　20193341　　　　　**定价**　35.00 元
